Albert Wartenweiler

Arbeiten auf der Drechselbank

Albert Wartenweiler

Arbeiten auf der Drechselbank

Verlagsgesellschaft Rudolf Müller, Köln-Braunsfeld

CIP-Titelaufnahme der Deutschen Bibliothek

Wartenweiler, Albert

Arbeiten auf der Drechselbank
Albert Wartenweiler
15.–16. Tsd. 1988
Köln: R. Müller, 1988
(Fachwissen für Heimwerker)

ISBN 3-481-25791-0

1.– 6. Tausend 1982
7.–14. Tausend 1984
15.–16. Tausend 1988

ISBN 3-481-25791-0

© Verlagsgesellschaft Rudolf Müller GmbH
Köln-Braunsfeld 1982
Alle Rechte vorbehalten
Verlagsredaktion: Ingeborg Roggenbuck
Satz: A. Hellendoorn, Bad Bentheim
Druck: Druck- & Verlagshaus Wienand, Köln
Printed in Germany

Inhalt

Einleitung

1 Schale aus Kiefer, 300 mm ⌀, Höhe 45 mm.

In meinem ersten Drechselbuch, das ebenfalls in der Reihe »Fachwissen für Heimwerker« erschienen ist, habe ich mich eingehend mit der Drechselbank, mit Werkzeugen, Werkstoffen und dem handwerklich-technischen Vorgehen befaßt.

Im vorliegenden Buch geht es um Anregungen für die Herstellung von verschiedenen Gebrauchsgeräten. Ich versuche, den angehenden Drechsler zu einfachen, technisch möglichen Formen zu führen. Es ist nicht beabsichtigt, ein Fachbuch für den Drechsler vorzulegen, sondern all denen, die im Drechseln noch wenig Erfahrung mitbringen, zu zeigen, wie es anzupacken wäre.

Immer wieder suchte ich nach Lösungen, die dem verwendeten Holz gerecht werden. Meine Erfahrungen beim Entwerfen und Drechseln möchte ich an den Leser weitergeben, sie können für die Gestaltung von neuen Formen eine Hilfe sein.

Es darf aber nicht erwartet werden, daß hier ein Patentrezept für das Finden von »guten Formen« präsentiert wird. Jeder Entwerfer weiß, daß Formgebung umfangreiche Arbeit und gründliche Auseinandersetzung bedeutet. Was ich hier nicht zeige, sind Dinge, die nicht für den Gebrauch bestimmt sind. Gedrechseltes zum Aufstellen oder Nippes.

Die Frage nach der Funktion ist wesentlich, Materialwahl, Form und Gestalt sind ihr untergeordnet.

Alle gezeigten Modelle sind auf einer einfachen, leichteren Drechselbank entstanden. Es wurden keine anderen Geräte zu ihrer Herstellung benutzt, als das allgemein bekannte Drechselwerkzeug und Drehbankzubehör.

Ein besonderes Anliegen des Verfassers besteht auch darin, zu vermitteln, daß der angehende Drechsler sein Holz kennen und lieben lernt. Wie schön dieser Werkstoff wirklich ist und wie reich die Erlebnisse beim Drechseln des Holzes sind, wird er nun in der Praxis erfahren.

Hölzer und Formen

Holz, ein lebendiger Werkstoff

Wie kaum je zuvor fühlt sich der Mensch heute zum Werkstoff Holz hingezogen. Er sehnt sich von der Beton-, Glas- und Asphaltumgebung weg nach Räumen und Dingen, die mehr Leben und Behaglichkeit ausströmen. Viele Menschen möchten sich gern mit natürlich gewachsenen Werkstoffen umgeben, und es scheint sich so etwas wie Sehnsucht nach Holz, ein intensives Verlangen nach Wohnräumen, Möbeln und Geräten aus Holz bemerkbar zu machen.

Der Werkstoff Holz bietet uns Vorzüge und Eigenschaften wie kaum ein anderes natürliches oder künstliches Baumaterial: Reichhaltigkeit und Schönheit, Elastizität, Zähigkeit, Widerstandskraft, leichte Bearbeitungsmöglichkeit und vielseitige Verwendung sind ideale Voraussetzungen.

Mit dem »lebendigen« Werkstoff Holz ist es eine andere Sache. Neben den vielen Vorzügen, die er uns bietet, ist auf eine Eigenart hinzuweisen, die dem Verarbeiter erhebliche Schwierigkeiten bereitet. Das sogenannte Arbeiten des Holzes, das sich ganz besonders auch beim Drechseln bemerkbar macht.

Man denke an genau aufgepaßte Deckel bei Dosen und Etuis, an gedrechselte Räder und Achsen, an Tel-

2 Dose aus Eichenholz, dazu Deckel mit Zierrille, Höhe 160 mm, ⌀ 100 mm.

ler und Platten, die sich immer wieder werfen. Diesen Tücken des Werkstoffes steht der Handwerker oft ratlos gegenüber. Die hastige Produktion und der Preisdruck erlauben kaum mehr die erwünschte Sorgfalt, die für die Herstellung von gedrechselten Dingen gefordert werden müßte.

Ich denke vor allem an die sorgfältige Pflege des Werkstoffes, an seine La-

9

gerung, an ein zeitlich abgestuftes Vorgehen: Zuschneiden – Vordrehen – Fertigdrehen – Oberflächenbehandlung. Weder dem Hobbydrechsler noch dem Meister mit der kleinen Werkstatt wird es je möglich sein, immer das gewünschte Holz in geeigneter Dimension und in absolut trockenem Zustand zur Hand zu haben.

Es sind nicht nur die Trockenanlagen, die dem »kleinen« Drechsler erlauben würden, den richtigen Feuchtigkeitsgehalt für seinen Werkstoff zu erreichen; vielfach ist es auch das Geld, das ihm fehlt, um jederzeit das passende Holz in der großen Holzhandlung zu erstehen. Jetzt aber weg von den Holzbeschaffungsschwierigkeiten, sie sind allen Holzverarbeitern bestens bekannt. Ein wirksames Heilmittel dagegen habe auch ich nicht anzubieten.

Schwarte
Randbretter
Halbrift
Kernbrett
Riftholz
rechte Seite
linke Seite

3 Die gesägten Bretter eines Baumstammes. Unten: Die Folgen des Schwindens bei gelagerten Brettern.

Beschaffenheit und Eigenschaften des Holzes

Der Aufbau des Holzes wird sichtbar durch Schnitte, die in verschiedener Richtung durch den Stamm gehen.

Beim Schnitt quer durch die Faser erkennen wir in der Mitte die Markröhre, dann um die Markröhre herum das meist etwas dunklere und härtere Kernholz, nach außen das hellere, weichere Splintholz.

Die Jahrringe verraten uns einiges über das Wachstum des Baumes im Ablauf vieler Jahre. Im Zeitraum eines Jahres erhält der Baum den Zuwachs eines helleren, grobporigen Frühholzringes und eines dunkleren, härteren Spätholzringes.

Je nach fetteren oder mageren Standorten zeigen die Jahrringe auch größere oder kleinere Abstände. Langsam gewachsene Bäume und solche aus Berggegenden sind meist feinjährig.

Beim Längsschnitt durch die Stammmitte zeigen sich die Markstrahlen als glänzende, oft breite Streifen oder Spiegel. Sie treten bei Eichen, Buchen, Ahorn und Platanen besonders in Erscheinung.

Der Sehnen- oder Fladernschnitt wird ebenfalls in Richtung der Längsachse geführt, geht aber nicht durch die Mitte des Stammes.

Weil der Baum sich nach oben verjüngt, werden die Jahrringe leicht schräg durchschnitten. Dadurch entsteht die Fladerung.

Wird ein Baumstamm zu Brettern und Bohlen, dünne und dicke Bretter aufgeschnitten, so geschieht es immer durch Sehnenschnitte.

In der Mitte des Stammes erhalten wir das Herzbrett mit der Markröhre. Es ist der wertvollste Teil mit aufrechtstehenden Jahrringen und mit dem kleinsten Schwundverlust beim Nachtrocknen, das sogenannte Riftholz.

Die weiteren Bretter des geschnittenen Stammes werden als Mittelbretter mit schräg stehenden Jahrringen (Halbrift) und als Seiten- oder Randbretter bezeichnet. Das äußerste Stück mit der gewölbten Stammseite ist die Schwarte.

Holz ist nie tot, in der Längsrichtung, das heißt in der Faserrichtung, beträgt der Schwund durchschnittlich 0,3 Prozent; in der Richtung der Markstrahlen, das heißt in radialer Richtung 5 Prozent; in der Richtung der Jahrringe aber 10 Prozent.

Bei einigen Holzarten weichen die Schwindmaße erheblich von diesen Durchschnittswerten ab. Der Fachmann bezeichnet die hohle Seite eines Brettes als die »Linke« (gegen außen) und die dem Mark zugekehrte Seite als die »Rechte« (gegen innen). Grün geschnittenes Holz wirft sich besonders leicht. Die Beobachtung, daß sich Holzbretter beim Trocknen zu Propellern formen, kann man sehr oft machen. Es ist nur in wenigen Fällen die unsachgemäße Lagerung der gesägten Bretter, sondern der Drehwuchs des Baumes, der den Stamm wie ein langgezogenes Schraubengewinde werden läßt, ist Schuld daran.

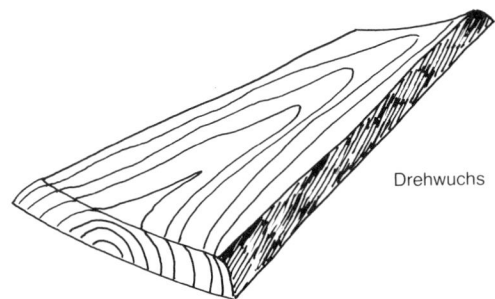

Drehwuchs

4 Propeller, die Folgen des Drehwuchses bei gelagerten Brettern.

Nachdem nun die Bretter gesägt sind und kein Wind mehr in die Krone des Baumes bläst, löst sich diese Dehnung der Fasern wieder zurück. Unsere windschiefen Bretter, vor allem bei einheimischen Obstbäumen, sind die Folgen dieser Rückbildung zur ursprünglich gezogenen Stammform.

Drechsler-Holz

Bei der Besprechung von einigen einheimischen und exotischen Hölzern, gemeint sind Holzarten, die aus anderen Kontinenten importiert werden, sollen Aussehen und Eigenschaften

5 Gedrechselte Schale aus Eichenholz, ⌀ 120 mm, 50 mm Höhe. Aus einer sehr wilden, harten Brettpartie mit verwachsenen Ästen gearbeitet.

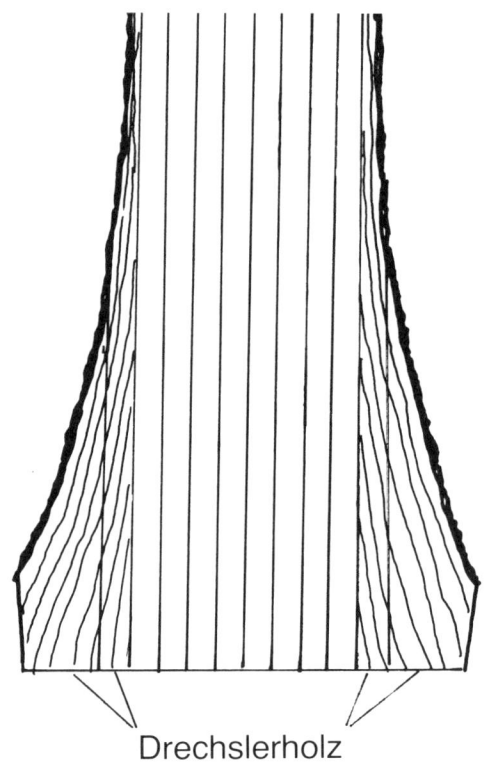

Drechslerholz

6 Drechslerholz ergibt sich beim Sägen von Baumstämmen, die unten wesentlich dicker sind.

beobachtet werden, die für den Drechsler interessant sind: Wuchsformen, Holzfarben und Strukturen. Abnorm oder sehr wild gewachsene Hölzer zeigen am gedrechselten Gegenstand oft eine erstaunliche Wirkung. Ein gewisses Risiko in bezug auf Schwund, Rißbildung und plötzlich auftauchende Rinde ist allerdings bei der Bearbeitung dieser »besonderen Stücke« miteinzubeziehen.

Einkaufsmöglichkeiten

Das Einschneiden der Stämme erfolgt auf der Gattersäge oder auf der Blockbandsäge. Die anfallenden Bretter oder Bohlen sind unbesäumt. Alle Baumkanten sind später mit der Band- oder Kreissäge wegzuschneiden. Bretter haben eine Holzdicke von 15 bis 40 mm – dickere, brettförmige Schnittware wird als Bohlen bezeichnet.

Für den Drechsler sind die dicken, regulären Bohlen und Bretter aus der Holzhandlung meist etwas kostspielig. In vielen Holzhandlungen richtet man aus diesem Grunde etwas Spezielles für den Drechsler zurecht.

Das Drechslerholz besteht meist aus kurzen, trotzdem aber gesunden Hartholzstücken, die sich beim Sägen von Stämmen ergeben, deren Wurzelende viel dicker ist.

Auch aus trockenem, gesundem Rundholz, ausgesuchten, richtig gelagerten Halblingen und aus gespaltenen Teilen von Brennholz ist es mög-

12

7 Dose mit Deckel, von oben eingefälzt. Das Holz stammt von einem Kirschbaumast, der erst als Hohlzylinder ausgedreht und oben und unten mit einem Falz versehen wurde. Der aus dem gleichen Holz entstandene Querholzboden wurde von unten her in den Falz geleimt.

lich, wertvolles Drechslerholz zu finden. Diesen Rat möchte ich besonders an alle Freizeitdrechsler und Werklehrer weitergeben, die sich um geeignetes, preiswertes Drechslerholz zu bemühen haben.

Oft sind auch bei Landwirten, Waldbesitzern oder Forstämtern geeignete Rundhölzer in kleineren Durchmessern zu erwerben. Weiter könnte es interessant sein, sich mit einem Landschaftsgärtner oder Gartenbauamt in Verbindung zu setzen. Stämme und dicke Äste eignen sich oft vorzüglich für die spätere Verarbeitung auf der Drechselbank.

Durch solche Gelegenheitskäufe läßt sich das Holzlager eines Kleinbetrie-

bes, einer Schule oder des Heimwerkers um einige weitere Stücke ergänzen.

Oft sind es außerordentlich schöne Hölzer, denen wir auf diese Weise ganz unverhofft begegnen. Zum Beispiel dem selten schönen Holz des Essigbaumes, der Savora, der Zypresse, dem Wacholderstrauch und was der Funde noch mehr sein können.

Lagerung und Pflege

Der beste Platz für die Lagerung und Trocknung von Harthölzern ist der gut durchlüftete und gedeckte Holzschup-

8 Schale aus Eichenholz. Durchmesser 260
mm, Höhe 120 mm. Das Holz wurde vor der
Verarbeitung zwölf Jahre gelagert.

pen. Längere direkte Sonnenbestrahlung der Stapel soll unbedingt vermieden werden, sie führt zu starken Riß-
bildungen, vor allem bei dicken Bohlen, Halblingen und Rundhölzern.
Durch geeignete Schutzwände, Jalou-
sien und ähnlichem muß das Lager vor
der starken Sonnenbestrahlung ge-

schützt werden. Hingegen ist alles zu
unternehmen, um eine ausreichende
Durchlüftung (Durchzug) zu gewähr-
leisten.
Trotz verschieden-formatigen Hölzern, unterschiedlichen Längen, Breiten und Dicken müssen die Stücke so
gelagert werden, daß eine gründliche
Durchlüftung garantiert ist. Stapelhöl-
zer von mindestens 20×20 mm
Stärke sind quer zwischen die Brett-
flächen zu schieben.
Große Rundhölzer sind vor der Lagerung mit der Bandsäge »durch das
Mark« zu halbieren, damit das Abschwinden in der Richtung der Jahrringe ohne Rißbildung vor sich gehen
kann.
Um harte Rundhölzer zu trocknen,
sollte die Rinde nicht ganz entfernt,
sondern nur stellenweise in regelmä-
ßig um den ganzen Stamm verteilten

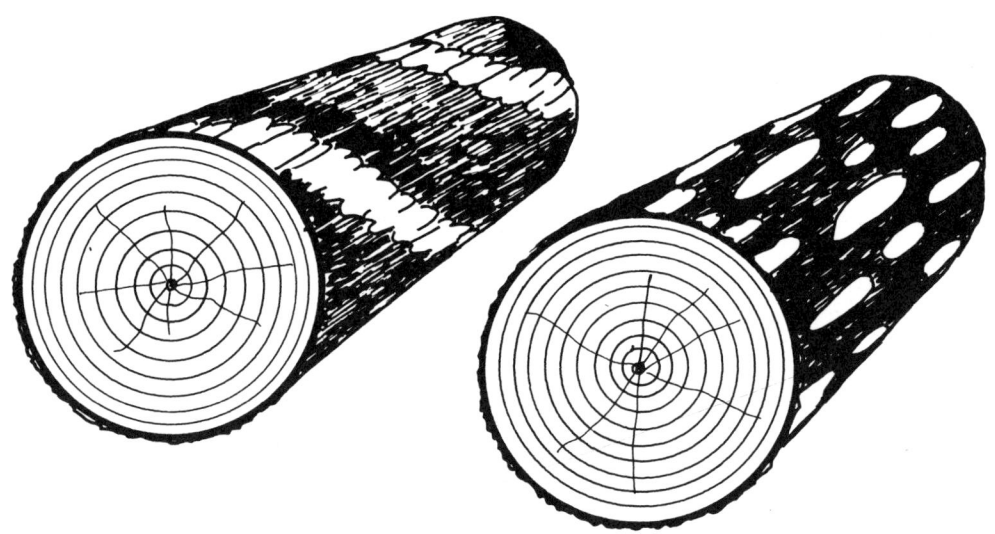

9 Zum Trocknen von ganzen Rundholzstämmen wird die Rinde stellenweise entfernt, »geplät-
zelt«.

Flecken weggeschält werden, »Plätzeln«. Der Trocknungsprozeß dauert so etwas kürzer.

Im allgemeinen wirkt sich das totale Entfernen der Rinde bei hartem Rundholz, geschnittenen harten Bohlen und Brettern eher nachteilig aus. Die Rißbildung in radialer Richtung wird unvermeidlich.

Ganz anders verhält es sich bei Nadelhölzern, hier muß vor der Lagerung die Rinde ganz entfernt werden, weil sich sonst unter der Rinde allerlei gefräßige Holzschädlinge einfinden, die sich bis weit ins Schnittholz hineinbohren.

Eine allgemeine Regel für die natürliche Holztrocknung lautet, daß man pro Zentimeter Holzdicke mit einem Jahr zu rechnen habe.

Nach dieser Regel ergäbe sich für ein 10 cm dickes Rundholz eine Trockenzeit von zehn Jahren.

Es ist wichtig, daß jeder Drechsler Gelegenheit hat, ein kleines Holzlager anzulegen, auch wenn der alten Tischlerregel über das natürliche Trocknen von Holz kaum mehr so eifrig nachgelebt werden kann.

Die verschiedenen Holzarten

Auf die Frage, welche Hölzer sich zum Drechseln eignen, kann etwa folgendermaßen geantwortet werden:
Grundsätzlich läßt sich jedes Holz drechseln. Es gibt aber Hölzer, die sich mit der Röhre ausgezeichnet schneiden lassen, zum Beispiel das weiße Ahornholz, dann Kirschbaum, Nußbaum, Apfel- und Birnbaum, Buche, Zwetschgenbaum und Eibenholz.

Hölzer, die sehr hart, teilweise gar spröde sind, die sich aber trotzdem sehr fein bearbeiten lassen, sind das afrikanische Gabun-Ebenholz, Zitronenholz, Rosenholz, Schlangenholz, Zebrano und andere Exoten.

Nun also zu den einzelnen Holzarten, deren Besonderheiten wir aus der

10 Holzperlenkette. Die großen, gedrechselten Kugeln aus Rosenholz, Buchsbaum, Birnbaum und Eiche wurden auf einer Schnur aufgezogen.

Sicht des Drechslers untersuchen möchten.

Die Fichte, eine Holzart, die jedem Holzverarbeiter bekannt sein dürfte. Der Baum wird wegen seiner rötlich-braunen Rinde auch als Rottanne bezeichnet. In trockenem Zustand sieht das Holz dem der Tanne oder Weißtanne täuschend ähnlich. Die Fichte erscheint nach dem Hobeln, beziehungsweise nach dem Schlichten auf der Drechselbank in gleichmäßigem Glanz. Sie läßt sich weit besser drechseln als die Tanne.

Ein wesentlicher Unterschied zwischen Fichte und Tanne ist der Harzgehalt. Er zeigt sich bei der Fichte oft in ihren für die Bearbeitung eher nachteiligen Harzgallen.

Das Holz muß sehr oft entharzt, die unschönen Harzgallen ausgefräst und mit einem passenden, unauffälligen Keil ausgeflickt werden. Eingewachsene Äste, wie sie bei der Fichte sehr oft anzutreffen sind, können mitverwendet und mit der scharfen Drehröhre geschnitten werden. Sie verleihen dem Holz ein natürliches Aussehen.

Äste gehören nun einmal zum Fichtenholz, und ich möchte wünschen, daß man das auch bei Drechslerarbeiten hie und da demonstriert.

Die Tanne. Sie ist nicht gerade das Lieblingsholz des Drechslers. Das trockene, glanzlose, gelblich-weiße Holz ist praktisch harzfrei. Tannenholz hat aber trotz allem eine sehr schöne, deutliche Zeichnung.

Eine Besonderheit der Weißtanne sind auch die meist unschönen, aus-fallenden Äste, die uns beim Drechseln mitunter Schwierigkeiten bereiten. Es kommt deshalb zum Drechseln nur astfreie Tanne in Frage.

Kiefer oder **Föhre,** ein Kernholzbaum mit dunkel gefärbtem Kern und breitem, hellem Splint. Das helle Splintholz mit gelbgetönter Jahrringzeichnung und das rotbraun getönte Kernholz ist schwerer und harzreicher als das der Fichte. Wegen seiner lebhaften Jahrringzeichnung und seiner intensiven Farbe gehört es zu den beliebten Drechslerhölzern.

Das fettreiche Holz läßt sich weit besser drechseln als Fichten- oder Tannenholz.

Vom Beizen und Färben sollte bei Föhrenholz abgesehen werden. Gerade wegen seiner bis zu tiefen Brauntönen sich steigernden, natürlichen Altersfärbung sollte es in seiner Naturfarbe belassen werden.

11 *Eierbecher mit Ablagerand aus Föhren-holz.*

16

Föhre eignet sich besonders zum Drechseln von großen Schalen und Tellern, sie werfen (krümmen) sich nur wenig, und die schöne Jahrringzeichnung gelangt zur schönsten Wirkung.

Arve oder Zirbelkiefer. Dieses Holz zu drechseln ist geradezu ein Genuß. Der Baum wächst nur in den höheren Lagen der Alpen. Es ist ein Kernholzbaum mit schmalem, nur wenig heller gefärbtem Splint.

Wegen des feinen, gleichmäßigen Gefüges ist es zu einem der beliebtesten Hölzer für Drechsler und Schnitzer geworden.

Etwas Spezielles bilden die in diesem Holze fein verwachsenen Äste, sie stellen zusammen mit dem unerhört feinen Duft, der von ihnen ausgeht, die besondere Eigenart dieses außergewöhnlichen Nadelholzes dar.

Ähnlich dem Föhrenholz verfärbt sich die helle, frisch bearbeitete Arve schon nach kurzer Zeit in einen wunderschönen rötlich-braunen Ton.

Wegen all dieser positiven Eigenschaften und der einmaligen Wirkung dieses Holzes besteht zur Zeit eine überdurchschnittliche große Nachfrage nach Möbeln, Täfelungen und Geräten aus Arvenholz.

Gelegentlich wird anstelle von Arvenholz das Holz der Weymouthkiefer verwendet. Wer aber je mit Arvenholz gearbeitet hat, wird sich kaum täuschen lassen.

Eibe oder Taxus. Die Eibe, die im Schatten größerer Bäume oder im Unterholz wächst, finden wir in ganz Europa. Nadeln und Samen dieses Baumes sind giftig.

12 *Dose aus Föhrenholz mit von oben eingelegtem Deckel.*

Der gelblich-weiße Splint ist vom rotbraunen, oft bis violett gefärbten Kernholz scharf abgegrenzt.

Ein wunderschönes Drechslerholz, das sich aber vor allem beim Querholzdrehen recht tückisch verhalten kann. Es sind die kaum sichtbaren Haarrisse des trocken gelagerten Holzes, die Schuld daran sind, wenn das dünnwandige Döschen plötzlich zerplatzt.

Scheinzypresse oder Lawsons Lebensbaum. Ähnliche Bäume sind Thuja und verwandte Zypressenarten. Bei uns werden diese Bäume als Zier- oder Parkbäume in Anlagen gepflanzt. Die Lawsonia hat gelblichweißes Splintholz, im Kern ist sie etwas dunkler. Das Holz ist sehr harzreich und von aromatischem, scharfem Geruch.

Es läßt sich im allgemeinen fein bearbeiten. Wegen des scharfen Geruches hält es Insekten fern, der hohe

Harzgehalt macht es weitgehend witterungsfest.

Da das Holz nur mäßig schwindet, ist es durchaus möglich, auch größere Stücke aus dem Holz des Lebensbaumes zu drechseln.

Wacholder. Das Holz dieses Strauches oder kleinen Baumes kann nur in geringen Dimensionen auf der Drechselbank bearbeitet werden. Es werden auch kleine Löffel und andere Geräte, zum Beispiel Plattenuntersetzer, aus diesem wunderbar riechenden Holz hergestellt. Sehr interessant ist die Eigenschaft des Wacholders, daß das Holz besonders fein duftet, wenn es, wie beispielsweise bei einem Plattenuntersetzer, leicht erwärmt wird.

Besonders schön ist das Holz des virginischen Wacholders (Bleistiftzeder), der in den USA zu Hause ist und bei uns in geschützten Lagen als Zierbaum angepflanzt wird.

Weißbuche oder **Hagebuche.** Das grauweiße Holz gehört zu den härtesten Einheimischen. Es wird aus diesem Grunde überall dort eingesetzt, wo eine hohe Beanspruchung gefordert wird.

Eine ganze Reihe von Werkzeugen oder Werkzeugteilen besteht aus Hagebuche. Der gedrechselte Bildhauerklüpfel, der meist aus einem Stück gefertigt wird, der Schreinerklüpfel, Hefte von Stechbeiteln, Schnitzeisen, Drechslereisen, Feilen, Winkel, Schrägmaße, Hobel und anderes Werkzeug besteht vielfach aus Hagebuche.

Der Drechsler benutzt es außerdem zur Herstellung von Kegeln, kleineren Kugeln, Drehbankfuttern, Spindeln, Gewindestangen und Muttergewinden.

Von diesem Holz weiß man aber auch, daß es von allen Laubhölzern am meisten abschwindet. Meine diesbezüglichen Erfahrungen mit dickem Weißbuchenholz waren nicht immer befriedigend. Auch das Schneiden von Holzgewinden kann je nach Stamm sehr unterschiedlich ausfallen.

Ahorn. Ahornholz darf sicher als das beste Drechslerholz bezeichnet werden. Ich kenne kein Holz, das sich mit der Röhre besser schneiden läßt. Insbesondere ist es das weiße Holz des Bergahorns, das dem Drechsler Freude macht. Es läßt sich wegen seiner feinen, gleichmäßigen Struktur sehr leicht bearbeiten und findet vielseitige Verwendung: für kleinere und größere Schalen sowie für Küchengeräte aller Art. Weil es sich sehr leicht reinigen läßt und nach dem Trocknen wieder schneeweiß wird, ist es zum eigentlichen Küchenholz geworden.

Beliebt sind auch heute noch massive Ahorntischplatten, die weder lackiert noch geölt werden, sondern einfach immer wieder mit heißem Wasser und Sandseife tüchtig abzuscheuern sind. Eine besondere Bedeutung hat Ahorn auch als Tonholz. Es werden vor allem Resonanzböden für Streichinstrumente aus den von Fachkundigen ausgesuchten Brettpartien des Bergahorns hergestellt.

Ein gesuchtes Material für den Drechsler ist das Wurzelholz, das Holz aus Vergabelungen, Ausbuchtungen und Kropfgewächsen. Es findet Verwendung für Dosen, Büchsen und kleine Becher.

Nußbaum. Nußbaumholz ist für den Drechsler zu einem kostbaren Werkstoff geworden. Es ist eines der edelsten Hölzer und ein hervorragend geeignetes Material zum Drechseln. Den Kernholzbaum mit weißlichem bis graubraunem Splint und den, je nach Standort, von hellen bis dunkelsten Brauntönen gefärbten Kern, trifft man in vielen Gegenden nicht mehr so häufig an. Seines geringen Vorkommens wegen sollte deshalb jeder mit dem wertvollen Holz äußerst sparsam umgehen.

In der Regel kann es sich der Holzdrechsler oder ein Kleinbetrieb kaum leisten, teure Nußbaumbohlen zu erwerben.

Er wird sich nach starken Doldenstükken von älteren Nußbäumen umsehen, die er auf seiner Bandsäge zu Halblingen aufschneidet und an geeigneter Lagerstelle trocknen läßt.

Der Drechsler weiß auch, daß sich aus Teilen des Wurzelstockes wunderbare Dinge drechseln lassen. Sehr wichtig ist auch in diesem Falle das systematische, langsame Trocknen der auseinandergeschnittenen Stockteile. Um die in Rinde stehenden vollen Astteile zu trocknen, kommt hier die bereits erwähnte teilweise Entrindung, das »Plätzeln«, in Frage. Werden aber die dicksten Bohlenstücke zu Bohlen aufgesägt, sollte, um ein »Vergrauen« der Splintteile zu verhindern, die Rinde ganz entfernt werden.

Kirschbaum. Ebenfalls ein Kernholzbaum mit gelblichem Splint und rötlich-gelbem bis braunen Kern.

Kirschbaumholz läßt sich unerhört fein bearbeiten. Es handelt sich um ein

13   Dosen aus Eichen- und Kirschbaumholz.

lebhaftes Material, das kaum je zur Ruhe gelangt. Jeder Drechsler weiß, daß dieses Holz nicht leicht zu bearbeiten ist.

Den stumpfen, matten Stellen beim Querholzdrechseln ist auch mit der scharfen Röhre kaum beizukommen. Trotz aller Schwierigkeiten, die es sowohl dem Drechsler wie dem Tischler bereitet, es ist ein wunderbares Holz. Für die Lagerung des zu Bohlen aufgesägten Stammes sollte die Rinde entfernt werden. Es zeigt sich, daß bei in Rinde gesägten Brettern sich allerlei Ungeziefer unter der Rinde sammelt und sich am Splintholz recht genüßlich ernährt.

Um größere und kleinere Risse von den Stirnseiten her zu verhindern, sollte sie mit dicker, heller Ölfarbe bestrichen oder mit einem abdeckenden Brettchen vernagelt werden.

Birnbaum. Der Birnbaum liefert ein feines, gleichmäßig rötlich-braunes Holz, das sich für den Drechsler ausgezeichnet eignet.

14 *Dose aus Birnbaumholz mit feiner Kerbschnitzerei (Perlenband).*

Das feine Holz mit kaum sichtbarer Zeichnung läßt sich mit der Röhre sehr leicht bearbeiten. Es eignet sich ganz besonders auch für Arbeiten, welche mit randrierten Bändern oder mit Kerb-, Hohl- oder Flacheisenschnitten verziert werden. Birnbaumholz läßt sich problemlos in allen Brauntönen färben oder gar als Ebenholzersatz tiefschwarz behandeln, ja sogar bis in einige Zentimeter Tiefe durchbeizen.

Oft ist es so, daß der Tischler mit den meist etwas zu kurz geratenen Birnbaumstämmen im Möbelbau oder Innenausbau nicht jedes Vorhaben verwirklichen kann, während dem Drechsler in der Regel alle Möglichkeiten offenstehen.

Das Holz wird nach dem Fällen eingeschnitten und unter Dach an gut durchlüfteter Stelle gelagert.

Für das Drehen von größeren Schalen sei auch hier das Vorgehen in zwei Stufen empfohlen, das heißt erst wird die grobe Form vorgedreht, um dann während der nächsten Wochen nachzutrocknen. Diesem Vorgang muß hauptsächlich im Winter bezüglich der Lagerung in der warmen Werkstatt besondere Sorgfalt geschenkt werden.

Zwetschgen- oder Pflaumenbaum. Der Zwetschgenbaum ist im Holzhandel selten anzutreffen. Das schöne Holz ist daher wenig bekannt. Die geschnittenen Bretter haben einen hellen, weiß-gelblichen Splint und eine braunrote bis blauviolette Kernpartie. Zwetschgenholz ist sehr hart, es läßt sich aber fein bearbeiten, das dichte

Holz erhält eine erstaunliche Oberfläche.

Schade, daß die Stämme meist nur geringen Umfang aufweisen. Dickere, ältere Bäume sind in der Regel hohl und im Innern teilweise von beginnender Fäulnis befallen. Aus diesem Grunde bleiben dem Drechsler und Kunstschreiner nur kleine Stämme, aus denen in der Regel, weil das Holz stark arbeitet, nur kleine Stücke gedrechselt werden.

Das schön gezeichnete und intensiv gefärbte Fruchtbaumholz wird für die Herstellung von kleinen Dosen und Büchsen, für Perlen und Knöpfe, Rosetten und anderen kostbaren Zierat verwendet.

Apfelbaum. Apfelbaumholz hat viel Ähnlichkeit mit Birnbaumholz. Allerdings hat es im Unterschied zu Birnbaum einen braunroten Kern und ist vor allem in diesen Zonen härter als Birnbaumholz.

Ein gewisser Nachteil ist, daß sowohl gesägte Bretter als auch das gelagerte Rundholz gern in radialer Richtung reißen.

Es ist deshalb sehr wichtig, der Lagerung dieses diffizilen Werkstoffes besondere Aufmerksamkeit zu schenken: gedeckter Lagerplatz, gute Durchlüftung, direkte Sonnenbestrahlung vermeiden. Trocknung des Rundholzes in Rinde durch »Plätzeln« (nur stellenweises Entrinden).

Apfelbaumholz wird, weil es wirklich sehr dicht und hart ist, wie Hagebuche zur Herstellung von Holzgewindestangen und ähnlichem verwendet.

Weil das Holz in starken Dimensionen gern reißt, werden vor allem kleine Schmuck- und Gebrauchsgegenstände gedrechselt.

Es wäre zu wünschen, daß insbesondere in Obstgegenden das schöne Apfelbaumholz für Arbeiten auf der Drechselbank noch mehr genutzt wird.

Zürgelbaum, Celtis australis, gehört zu den Ulmengewächsen und gedeiht in milderen Gegenden. Das Holz hat äußerlich viel Ähnlichkeit mit Eschenholz. Das gelblichweiße Holz läßt sich sehr gut drechseln und schnitzen.

Als besondere Eigenschaften darf bei

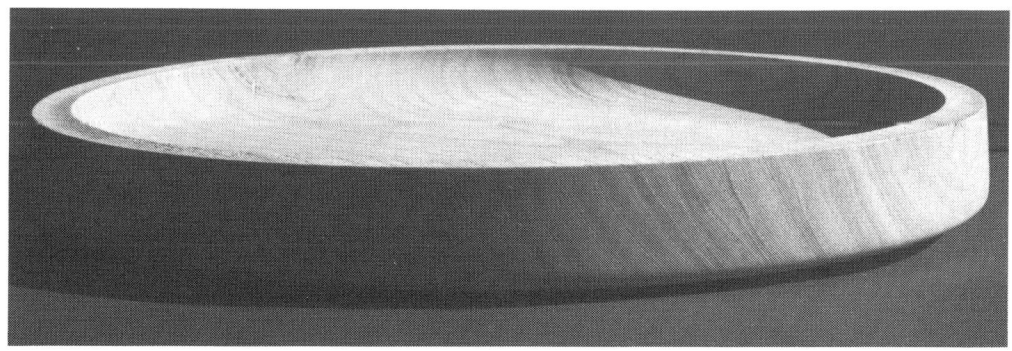

15   *Große Salatschüssel aus Zürgelholz.* ⌀ *500 mm, Höhe 60 mm.*

diesem, leider etwas wenig bekanntem, vortrefflichem Werkholz die außerordentliche Zähigkeit und Biegsamkeit hervorgehoben werden.

Das Holz des Zürgelbaumes wird auch als »Triester-Holz« bezeichnet.

Erle und **Linde** sind eigentliche Modellhölzer. Von beiden Hölzern ist zu sagen, daß sie sich auf der Drechselbank sehr leicht bearbeiten lassen. Beide gelten als sehr weiche Laubhölzer. Erlenholz ist von hellbrauner bis rötlicher, gleichmäßiger Farbe, Lindenholz ist gelblich-weiß.

Auch die Eigenschaften sind einander sehr ähnlich, es lassen sich beide sehr gut mit dem Schnitzmesser bearbeiten, beide sind leicht, beide lassen sich sehr gut bemalen und bleiben in trockenem Zustand ruhig.

Die Tatsache, daß Erlenholz außerordentlich von Würmern heimgesucht wird, ja es zieht die Holzwürmer geradezu an, ist ein großer Nachteil. Erle wird daher nur für kurzlebige, dekorative Arbeiten bevorzugt.

Lindenholz bleibt trotz der gleichen, vorzüglichen Bearbeitungseigenschaften das zähere, über Jahrhunderte haltbarere Holz.

Edelkastanie. Da die Edelkastanie nur in milderen, wärmeren Gegenden Europas zu Hause ist, wird das bei uns nur wenig bekannte Holz eher selten verarbeitet.

In den Herkunftsgegenden wird es als Bauholz, als Werkstoff für den Küfer und für den Möbelbau sehr geschätzt. Das mit besten Eigenschaften versehene Holz ist auch ein hervorragendes Drechslermaterial. Es ähnelt in Zeichnung und Farbe dem Eichenholz, ist allerdings etwas leichter zu bearbeiten und nicht so schwer wie Eiche.

Bei größeren Schalen und Dosen ist das Vordrehen (siehe Birnbaum) sehr zu empfehlen. Da es immer schwieriger wird, dicke, in vielen Jahren durchgetrocknete Bohlen zu finden, muß sich der Drechsler gedulden und das Werkstück nach einer mehrwöchi-

16   *Dosen aus Edelkastanie.*

gen Pause ein zweites Mal auf seine Drehbank spannen.

Platane. Das auffallende Merkmal des Platanenholzes, das in Farbe und Struktur der Rotbuche gleicht, sind die Spiegel (Markstrahlen), die insbesondere bei Schnittflächen in radialer Richtung als kleine Flecken in Erscheinung treten. Das feine, seidig glänzende Hartholz läßt sich gut drehen. Die besondere Wirkung dieses einzigartigen Holzes zeigt sich bei großen Schalen und Tellern besser als an kleinen, zierlichen Drechslerarbeiten.

Robinie. Die Robinie wird bei uns in der Regel als Park- oder Alleebaum angepflanzt. Der Kernholzbaum hat einen schmalen, gelblich-weißen Splint. Das harte, sehr zähe grünliche Holz des Kerns ist nur sehr schwer zu bearbeiten, hingegen läßt es sich mit scharfen Werkzeugen sehr gut drechseln. Die feine Oberfläche des gedrechselten Holzes zeigt insbesondere auf den Stirnseiten eine Zeichnung, die in dieser einmaligen Art nur bei der Robinie sichtbar ist. Weitere Vorzüge des Robinienholzes, der Baum wird oft einfach als Akazie bezeichnet, sind Dauerhaftigkeit und Elastizität.

Buchsbaum. Bei uns wird das Holz meist von den dickeren Ästen des immergrünen Strauches mit den kleinen Blättchen gewonnen. In südlicheren, wärmeren Gefilden wächst die Pflanze als Baum von 4 bis 10 m Höhe. Der aufgeschnittene Stamm zeigt ein feines, hartes Holz von regelmäßiger, gelblicher Farbe. Das dichte, sehr

langsam wachsende Holz wird meist nach Gewicht gehandelt.

Das schönste, goldgelbe Buchsbaumholz stammt aus der Türkei. Ein vornehmes Drechslerholz, das für recht verschiedene Arbeiten verwendet wird.

Bekanntlich sind Schachfiguren und andere Spielfiguren sowie Knöpfe, Saitenwirbel und sonstige kleine Dinge aus Buchs. Bereits im Altertum wurden Flöten aus diesem edlen Holz gedrechselt.

Flieder. Der bekannte Blütenstrauch liefert zwar nur wenig Drechslerholz, aber das hellviolette Kernholz, das vom hellen Splint umrandet wird, darf sicher als eine Besonderheit bezeichnet werden. Das dichte, feingefügte Holz läßt sich gut drehen und zu kleinen, schmucken Dingen verarbeiten.

Goldregen und Lorbeer. Wer würde es für möglich halten, auch diese Sträucher liefern ein wunderschönes Holz für den Drechsler, sie verlangen eine sorgfältige Trocknung an schattigen Lagerplätzen.

Elsbeerbaum. Elsbeerholz ist seit langem als ein hervorragendes Drechslerholz bekannt. Das sehr feine, in Farbe und Struktur dem Birnbaum ähnlich sehende Holz wird in der Drechslerei vor allem zur Herstellung von zierlichen Dingen benutzt. Elsbeerholz ist sehr hart und schwindet stark. Es eignet sich besonders für Walzen und Weberschiffchen bei Webstühlen und für den Musikinstrumentenbau.

Der Baum, der auch als Straßenbaum angepflanzt wird, sollte nach dem Fällen sofort entrindet, geschnitten und im Schatten gelagert werden. Es ist ein sehr wertvolles Nutzholz, das leider nur selten erhältlich ist.

Exotische Hölzer

Unter den exotischen Hölzern befinden sich Holzarten, die einer besonderen Lagerung und Pflege bedürfen. Es handelt sich um Bäume, die in Lagen mit hoher Luftfeuchtigkeit gedeihen. Werden diese Hölzer bei uns in Räumen mit niedriger Luftfeuchtigkeit gelagert, entstehen für den Verarbeiter recht unangenehme Folgen in der Form von Schwundrissen. Insbesondere sind sehr harte, schwere Hölzer den Folgen dieser unsachgemäßen Lagerung ausgesetzt. Die Schäden gehen oft so weit, daß das kostbare Holz, das in der Regel per Gewicht gehandelt wird, zum Drechseln nicht mehr brauchbar ist.

Die vielen feinen Schwundrisse, von denen Ebenholz oft durchsetzt ist, können weitgehend vermieden werden, wenn diese Hölzer, ähnlich wie Furniere, im Keller oder in Räumen mit feuchtigkeitshaltiger Luft lagern.

Ebenholz, eines der bekanntesten Fremdhölzer, das der Drechsler verwendet. »Schwarz wie Ebenholz«, eine Redewendung, die wirklich auf das tiefschwarze Gabun-Ebenholz aus Afrika zutrifft.

Ebenholz zu drechseln ist ein Erlebnis. Es ist allerdings unmöglich, große Schalen, Teller oder Dosen herzustellen. Ebenholz ist spröde, es zerbricht

wie Porzellan, wenn ein dünn gedrehter Gegenstand aus Ebenholz aufschlägt.

Das mit braunen Streifen durchsetzte Makassar-Ebenholz ist weniger zerbrechlich. Auch dieses verwandte Holz ist ein wunderbarer Werkstoff für den Drechsler. Es wird aber trotz seiner Härte, ähnlich wie Gabun-Ebenholz, von kleinen Bohrwürmern geschätzt.

Schlangenholz ist das härteste Holz mit dem höchsten Raumgewicht von

17 Nadelbüchsen aus Rosen- und Makassar-Ebenholz.

1,35. Es stammt aus den nördlichen Teilen von Südamerika.

Der dunkelbraune Grundton des Holzes mit schwarzen Flecken und Streifen wirkt sehr dekorativ. Die Trocknung ist wegen der großen Anfälligkeit zur Rißbildung außerordentlich schwierig.

Schlangenholz wird in der Drechslerei für die Herstellung von Knöpfen, Perlen, Griffen oder ähnlichem verwendet. Weil das sehr harte und dichte Gefüge der Holzoberfläche bei fertig bearbeiteten Dingen sich auch bei einer Befeuchtung mit Wasser nicht mehr aufrauhen läßt, eignet es sich besonders auch für Messer- und Kannengriffe.

Es ist das beste Material für die Herstellung von Modellierhölzern.

Rosenholz. Unter diesem Namen sind sehr verschiedene Hölzer im Handel, obwohl auf keinem je eine Rose gewachsen ist. Die Bezeichnung Rosenholz stammt bei den einen Hölzern von der Rosen-Farbe, bei den anderen vom rosenähnlichen Duft, der bei der Bearbeitung des Holzes ausströmt. Es läßt sich sehr gut drechseln und polieren.

Das brasilianische Rosenholz mit dem gelblich bis hellrosafarbenen Kernholz mit schmalen und breiten rosa bis kaminroten Streifen gilt als das schönste und teuerste Luxusholz.

Ostindischer und **westindischer Satin.** Beide Hölzer werden sowohl mit Seidenholz wie auch mit Zitronenholz bezeichnet, sie sind annähernd von gleicher Farbe und stammen botanisch aus der gleichen Familie.

Beide Hölzer lassen sich nur schwer hobeln und sägen, hingegen stellt die Bearbeitung auf der Drechselbank keine besonderen Probleme.

Von den beiden gelb bis goldbraunen, seidenglänzenden Hölzern ist das westindische von besonderer Art. Es ist oft mit breiten, dunkleren, braungoldenen Streifen, Flecken oder Flammen gemustert, die sich auf feinen Drechslerarbeiten besonders reizvoll ausnehmen.

Palisander oder **Jacaranda.** Unter der Bezeichnung Jacaranda existiert eine Reihe verwandter Hölzer mit recht unterschiedlicher Farbgebung. Am bekanntesten sind die beiden Jacaranda-Hölzer: Rio Palisander und ostindischer Palisander. Ostindischer Palisander hat dunkelbraunes, ins violett gehendes Kernholz mit fast schwarzer Streifenzeichnung.

Rio-Palisander hat rot- bis violettbraunes Kernholz mit deutlicher, schwarzer Zeichnung. Der Faserverlauf ist beim Palisander verworren. Das Holz ist hart, zäh. Mit Hobel oder Schnitzmesser eher schwer zu bearbeiten, hingegen läßt es sich gut drehen.

Weil es sich bei Palisander um ein kostbares Holz handelt, entstehen vor allem feine Drechslerwaren, wie beispielsweise Modeschmuck, Armreifen und dergleichen.

Olivenbaum. Das Holz des Olivenbaumes ist bei uns nicht sehr leicht aufzutreiben. Der Baum gedeiht im Mittelmeergebiet, wird aber auch in Südafrika, Indien, Australien, Süd- und Nordamerika angebaut.

Es ist ein Werkstoff von besonderem

Reiz. Das helle, gelblich-braune Kernholz ist häufig mit dunklen bis tiefbraunen, ausdrucksvollen Linien durchzogen. Ein herrliches Holz, das ich jedem Drechsler zur Herstellung von kleinen, zierlichen Dingen empfehlen möchte.

Zebrano. Das aus Westafrika stammende, sehr harte, eher spröde Holz ist im allgemeinen schwer zu bearbeiten, es ist für den Drechsler nicht immer problemlos.

Die zebraähnliche Streifung durch die ungleich breiten, tiefbraunen Adern machen das charakteristische Merkmal dieses einzigartigen Werkstoffes aus. Nur aus sorgfältig getrocknetem Holz können größere Schalen und Teller gedrechselt werden.

18   Flache Schale aus Zebra-Holz.

Gestaltung
und technisches Vorgehen

19   Kleine Schalen aus Eschenholz, 150 mm und 120 mm ⌀.

Schalen und Teller

Wer sich ans Drechseln von Schalen und Tellern wagt, sollte vorerst mit einfachen Formen, kleineren Durchmessern und mit geringen Höhen zufrieden sein. Es wird kaum gut ausgehen, wenn ein Anfänger gleich mit einer tiefen Salatschüssel aus Teakholz beginnt.

Die Möglichkeiten der Formgebung beim einfachsten Teller sind derart vielfältig, daß auch der Anfänger bei einem Tellerdurchmesser von 100 bis 150 mm und bei einer Holzdicke von 20 bis 30 mm voll auf seine Kosten kommt.

Interessant ist allerdings die Beobachtung, daß der noch Ungeübte vielfach den dicksten »Brocken« aufspannen möchte. Er sieht das räumliche Ausmaß der geplanten Schale und ahnt nur wenig von den handwerklich-technischen Schwierigkeiten, die da auf ihn warten.

Ja, wenn er zuvor wüßte, daß die Drehröhre beim Ausdrehen der tiefen Mulde einhängen und verhängnisvolle Spuren im Innern der Schale aufreißen könnte!

20   Schale aus Eichenholz, ⌀ 240 mm, Höhe 110 mm.

Daß sich ein Stück Schalenrand absprengen könnte, wenn zufällig ein kleiner Riß im Holz zum Vorschein gelangt! Traurige Erfahrungen bei den ersten Versuchen des Schalendrehens! Momente, die aber jeder Anfänger an der Drechselbank über sich ergehen lassen muß!

Grundfalsch wäre nun allerdings, die angefangene, zerschundene Schale vom Futter zu nehmen und in den Abfallkorb zu werfen. Nein, jetzt sehen wir uns den Fall nochmals gründlich an und untersuchen, wie es zu diesem Mißgeschick kommen konnte. Liegt es am Holz? Habe ich meine Röhre falsch angesetzt? Eine ungeschickte Messer-Bewegung ausgeführt, die da zu diesem »Aufspießer« führte?

Hat sich mein Schalenrohling im Futter bewegt? War es die richtige Drehzahl? Wackelt meine Röhre im Holzheft? Ist dieser Handgriff nicht viel zu kurz? Ist die Fase des Werkzeugs nicht zu spitz angeschliffen?

Beim schonungslosen Analysieren des Vorgehens wird sich die Ursache des Mißgeschicks klären lassen.

Wenn wir nun die Arbeit am verpfuschten Werkstück wieder aufnehmen, die tiefen Entgleisungen unserer Röhre im Innern der Höhlung ausgleichen, den ausgebrochenen Rand bis auf die Tiefe der Einbruchstelle herunterdrehen und eine flachere Schale daraus entstehen lassen, so haben wir einen Lernprozeß durchgestanden, der uns weiterhilft.

Ich fühle mich verpflichtet, nicht nur die »Höhenflüge« des angehenden Drechslers zu schildern, sondern auch etwas von den »schwarzen Tagen« oder Wochenenden zu zeigen.

Der wahre Spruch vom »Meister, der nicht vom Himmel fällt«, hat im Bereich der handwerklich-technischen

21   Niedrige Schale aus Buchenholz, ⌀ 300 mm, Höhe 32 mm. Auch das bescheidene Buchenholz wirkt an dieser einfachen Form.

22   Gewölbte Schale aus Buchenholz, ⌀ 200 mm, Höhe 45 mm.

Fähigkeiten seine besondere Gültigkeit. Ein Wort, das zwar zur Zeit nicht besonders gefragt ist, kann in diesem Zusammenhang nicht umgangen werden, es heißt »üben«.

Ich meine nicht sinnlose, langweilige Übungen, sondern ein bewußtes Vorgehen, das uns hilft, die dringend notwendigen Erfahrungen zu sammeln.

Die beiden weiteren Fähigkeiten des Meisters, »der nicht vom Himmel fällt«, scheinen mir die gestalterischen Voraussetzungen bei der Formgebung und eine besondere Empfindlichkeit für den Werkstoff Holz zu sein.

Mit Formgebung und mit dem Werkstoff Holz möchten wir uns in den nächsten Kapiteln eingehender auseinandersetzen. Das Gefühl für den Werkstoff in Worten auszudrücken, dürfte recht schwierig sein, es sind viel eher die Bilder von gedrechselten Gegenständen, die uns eine Vorstellung geben, was der Autor mit dem Gefühl für Holz und seine Bearbeitung auf der Drechselbank wohl meint.

Die Formgebung wird sich immer an Funktion und Materialwahl zu orientieren haben. Von Formgebung im allgemeinen zu sprechen, scheint mir gewagt. Ich möchte vielmehr bei der Untersuchung der einzelnen Gegenstände im Zusammenhang mit Funktion, Holzwahl und der angewendeten Herstellungstechnik näher darauf eingehen.

Die verschiedenen Methoden des Aufspannens beim Drechseln eines Tellers oder einer Schale

Um eine Schale, einen Teller oder gar einen Becher zu drechseln, ist es notwendig, das Werkstück so auf dem Futter zu befestigen, daß die Innenwölbung bedenkenlos mit den entsprechenden Meißeln herausgeholt werden kann. Für diesen Vorgang

23 Schraubenfutter mit Mitnehmerschraube.

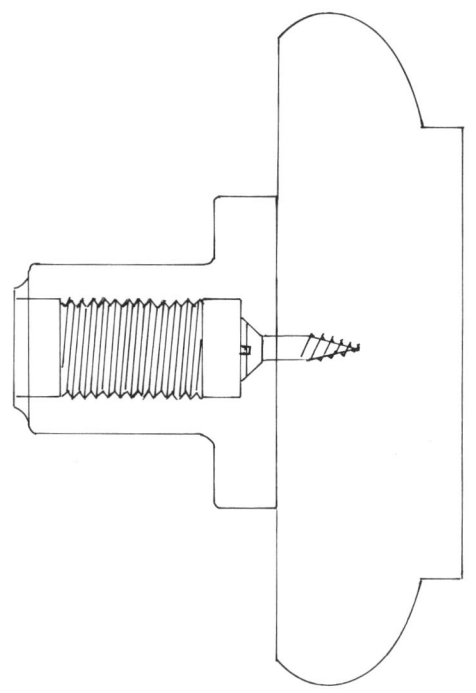

sind verschiedene Aufspannarten möglich.

Bekannt sind folgende Methoden:

Das rohe Werkstück wird erst einmal zum Formen der Außenseite durch die Mitnehmerschraube des Schraubenfutters oder durch mehrere Holzschrauben auf der Planscheibe festgehalten.

24 Zum Formen der Außenseite wird der Rohling auf dem Schraubenfutter befestigt.

Die Außenform sowie die Fußpartie der Schale oder des Tellers lassen sich auf diese Weise sehr leicht abdrehen.

Besondere Aufmerksamkeit wird nun der Einpaßform für das selbstgedrehte Spundfutter geschenkt. Die Einpaßform, die auf der Schalenaußenseite nach außen abgedreht oder nach innen ausgebuchtet wird, bildet die genaue Gegenform des selbstgedrehten Holzspundfutters auf dem Schraubenfutter oder auf der Planscheibe.

Eine weitere Möglichkeit besteht im Aufpassen einer Gefäßaußenform auf

25 Planscheibe auf der Spindel.

30

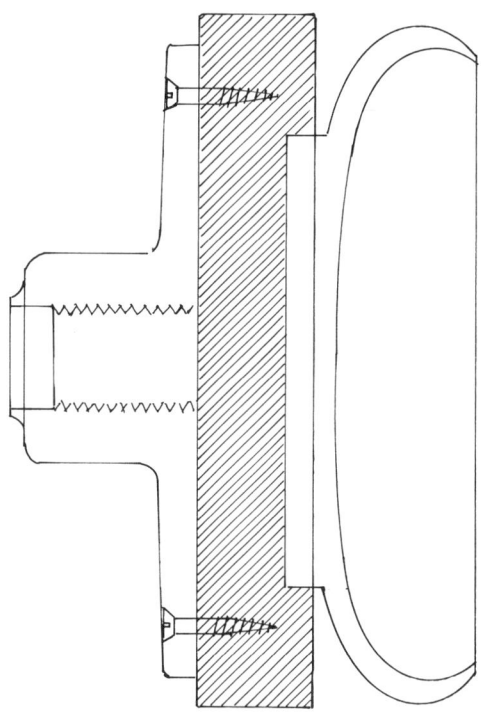

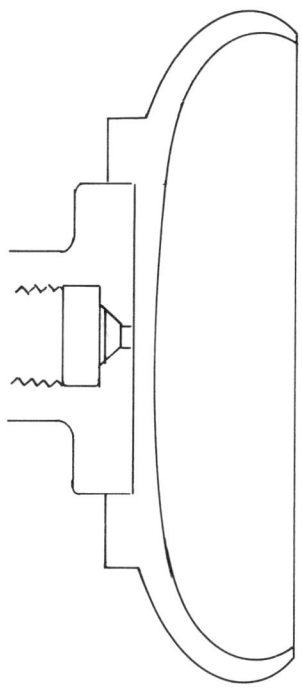

26 Die angedrehte Einpaßform sitzt fest in dem auf der Planscheibe befestigten Spundfutter.

28 Das Schraubenfutter, ohne Mitnehmerschraube, wird als Spund von der Spindelseite her benutzt. Der Boden der Schale wird zuvor für diesen Spund genau ausgedreht.

27 Eisernes Spundfutter, 50 mm ⌀.

ein Spundfutter aus Eisen oder Leichtmetall. Es läßt sich anstelle des eisernen Spundfutters auch ein Schraubenfutter mit entfernter Mitnehmerschraube anwenden. Die zylindrische, starke Auflagescheibe des Schraubenfutters wird genau im Boden der von außen geformten Schale oder des Tellers herausgehoben, wobei die nach innen gestochenen Kanten konisch verlaufen, das heißt der Innendurchmesser wird bei einer Einpaßtiefe von 5 bis 8 mm leicht verringert. Eine andere, sehr empfehlenswerte

Möglichkeit, besonders für den Hobbydrechsler, ist das Aufleimen eines Blindfutters auf das roh zurechtgemachte Werkstück.

Damit sich aber nachher das Holzfutter vom fertig gedrechselten Gegenstand trennen läßt, ist eine auf beiden Seiten mit Leim bestrichene Papierschicht zwischen Blindfutter und Werkstück zu legen und mitzupressen.

Auf diese Weise kann das aufgeleimte Werkstück in seiner ganzen Dicke voll ausgenutzt werden. Das Wegspalten, eigentlich handelt es sich um das Spalten der Papierschicht, bereitet keine Schwierigkeiten. Für Papierverleimungen sollte daher immer festes Papier verwendet werden.

Die Sache mit der Papierverleimung wird aber nur dann funktionieren, wenn die Papierleimfläche möglichst groß und der Widerstand bei der Ausdreharbeit mit der Röhre nicht zu groß ist.

Sehr problematisch bei Papierverleimungen ist beispielsweise der zu große Druck beim Ausdrehen oder Ausbohren von Stirnholz bei einer Büchse oder bei einem Becher.

Nur allzu oft spaltet die Papierschicht früher als vorgesehen, das Werkstück trennt sich vom Blindfutter und rollt zu Boden.

Entweder muß eine neue Leimschicht aufgebracht, die abgelöste Blindscheibe erneut auf das Werkstück gepreßt werden, oder die Papierschichtreste werden abgekratzt, und der Rohling wird ohne Zwischenpapierschicht auf das Blindfutter geleimt.

Der Nachteil dieser Methode besteht allerdings darin, daß die Blindfutterscheibe beim Abstechen des fertig gedrehten Gegenstandes um die Dicke der Abstechkante reduziert und in der Regel nicht mehr verwendet werden kann.

Der Schalenboden wird bei diesem Vorgehen gleichzeitig ein wenig hinterschnitten, das heißt hohl geformt.

Um die Bodenfläche auf der Drechselbank sauber bearbeiten zu können, ist es notwendig, ein Futterbrett mit etwas größerem Durchmesser als demjenigen der Schale auf die Planscheibe zu schrauben. Damit die gedrehte Schale aber zentrisch aufgesetzt werden kann, soll ein kleiner Falz, eine Nute oder ein kleines Außenbord für die Aufnahme der Schalenkante oder des Tellerrandes eingestochen werden. Dünnwandige Gefäße dürfen auf keinen Fall hart in dieses Futter getrieben werden.

Die rotierende, im Reitstock steckende Körnerspitze hilft uns, das nahezu fertige Drehgut in den vorbereiteten Rillen der aufgespannten Holzscheibe sicher festzuhalten.

Auf diese Art läßt sich der Boden auf der Außenseite der Schale mühelos fertig bearbeiten.

Eine weitere Methode des Aufspannens von Rohlingen auf die Spindel ist das Ansaugen auf eine kleine Planscheibe mit Vakuum.

Mit Hilfe eines Kompressors wird Luft durch die hohle Spindel abgezogen.

Das mit glatter Anpreßfläche versehene Werkstück wird durch den erzeugten Unterdruck unverrückbar festge-

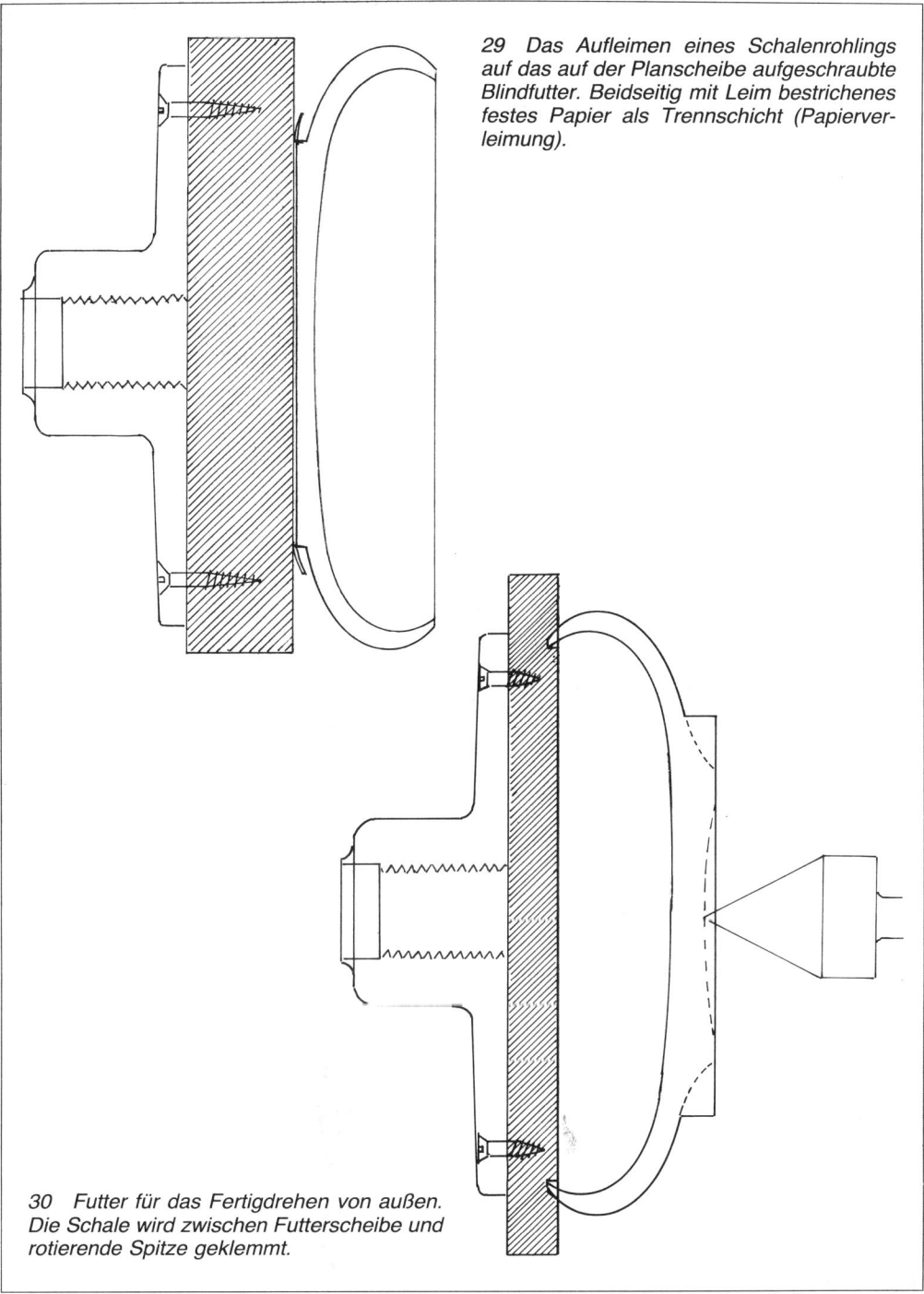

29 Das Aufleimen eines Schalenrohlings auf das auf der Planscheibe aufgeschraubte Blindfutter. Beidseitig mit Leim bestrichenes festes Papier als Trennschicht (Papierverleimung).

30 Futter für das Fertigdrehen von außen. Die Schale wird zwischen Futterscheibe und rotierende Spitze geklemmt.

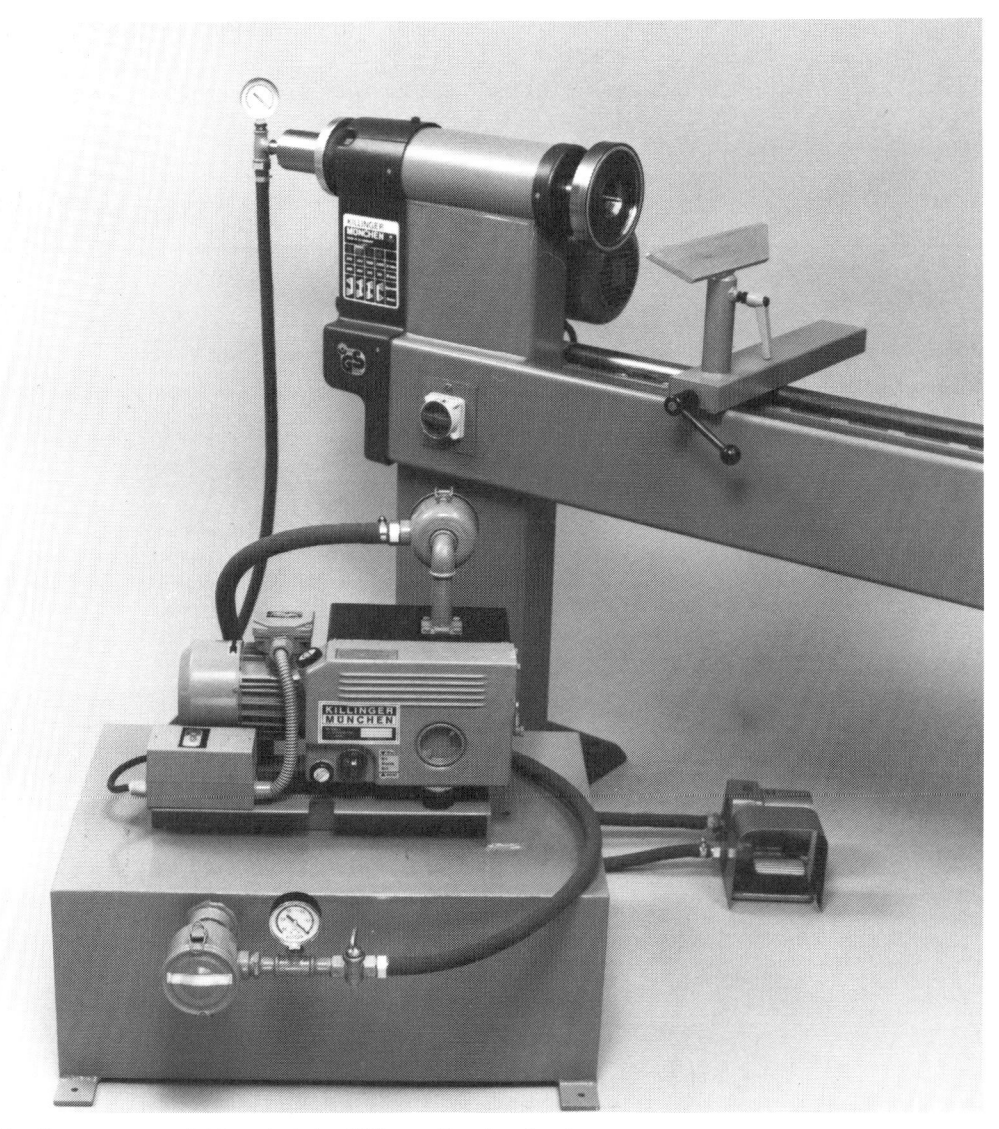

31 Saugspannvorrichtung bei der Killinger-Drechselbank.

halten, die bis dahin notwendige, zum Teil aufwendige Werkstückspannung fällt weg. Fällt der Gangdruck aus, löst sich der fertig gedrechselte Gegenstand mühelos und ohne irgendeine Befestigungsspur.

Gedrechselte Teller

Die einfachste Form eines Tellers ist sicher die einseitig mit einer Mulde versehene Brettscheibe. Auf solchen, meist aus weißem Bergahorn gedrechselten Brettern läßt sich etwas servieren, das auch gleich auf dieser

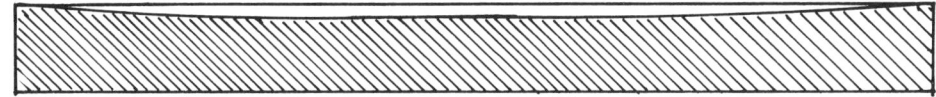

32   Schneidbrett, oben leichte Innenwölbung.

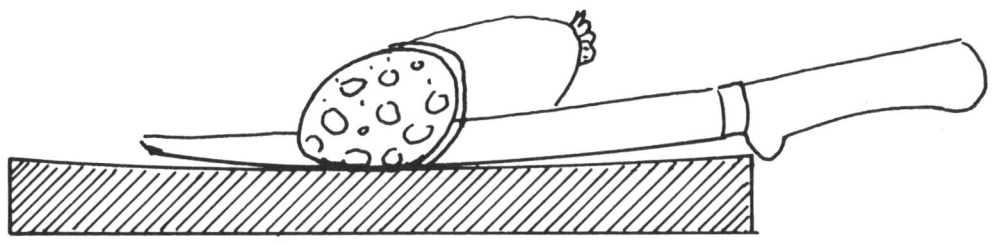

33   Muldentiefe darf nicht zu stark sein, der Rand soll nicht die Schneide des Messers touchieren.

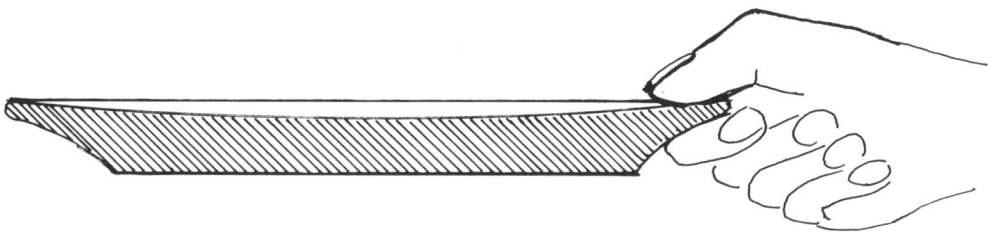

34   Wie soll die Kante des Brettes geformt werden, damit es vom Tisch genommen und hingelegt werden kann?

35   Eingedrehte Holzkehle bei einem Schneidbrett aus Kirschbaumholz.

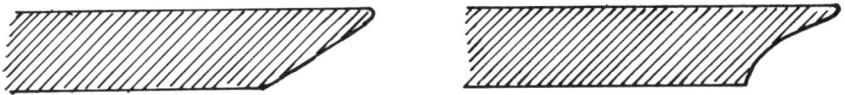

36 Möglichkeiten einer Kantenform für Schneidbretter.

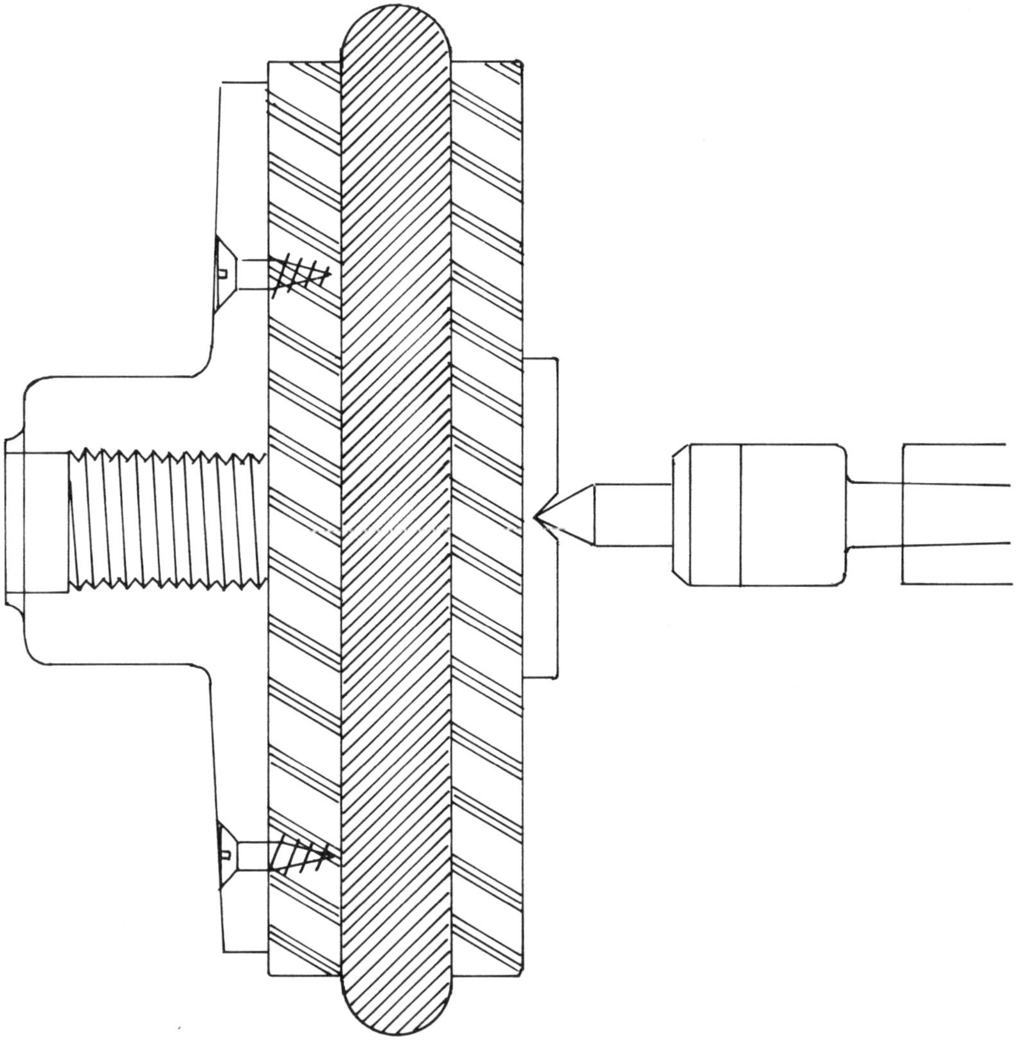

37 Vorrichtung zur Bearbeitung der Kante. Einspannung durch Zusammenpressen zwischen Planscheibe und Spitze.

Unterlage geschnitten werden kann. Ich denke an Käse, Rauchwurst, geräucherten Speck und anderes mehr. Die Muldentiefe darf dabei auf keinen Fall mehr als 6 mm betragen, weil sonst der Rand von der Schneide des Messers zu stark touchiert wird. Der Entwerfer hat aber noch Rücksicht darauf zu nehmen, wie man das Brett vom Tisch nimmt, wie man es beim Tischdecken hinlegt. Einerseits ist für das Zerkleinern und Tranchieren mit dem Messer eine möglichst große Stand- oder Auflagefläche notwendig,

andererseits benötigen wir, um die Schneidunterlage von unten her anfassen zu können, zumindest eine Einbuchtung.

Es kann sich dabei um eine nach unten gerichtete Abschrägung (Facette) oder um eine eingedrehte Hohlkehle handeln.

Eine Oberflächenbehandlung ist bei Schneidbrettern aus Ahornholz nicht zu empfehlen, weil der Lackbelag, wenn er durchschnitten wird, in der Regel absplittert.

Viel schöner wirkt das helle Ahorn-

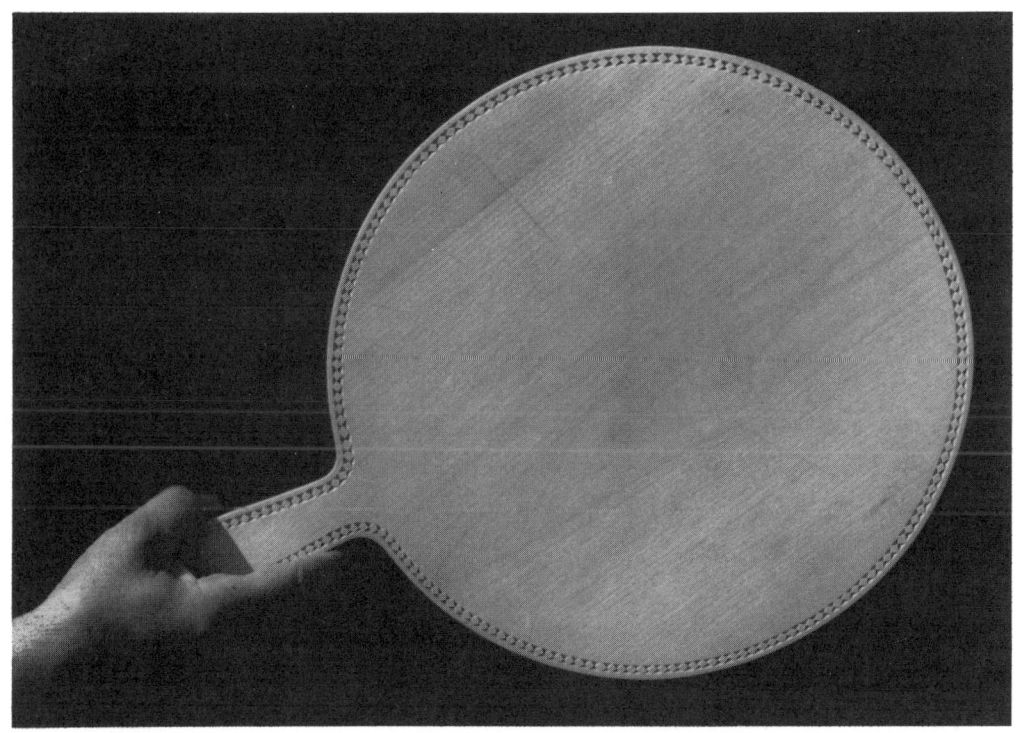

38 *Kuchenbrett, Ahorn, aus der Brettfläche geschnitten, Kerbschnittverzierung, ⌀ 300 mm.*

holz, wenn es unter Zuhilfenahme eines guten Putzpulvers von Zeit zu Zeit kräftig geschrubbt und an der Luft getrocknet wird. Es wird wieder schneeweiß und erhält eine feine samtene Oberfläche.

Sehr viele dieser gedrechselten Schneidbretter und Holzunterlagen für Kuchen und andere Gebäckformen werden außen am Rand mit feinen Kerbschnittmotiven verziert. Griffe werden zum Teil angesetzt oder mit Hilfe der Band- oder Stichsäge aus der Form herausgearbeitet.

Selbstverständlich lassen sich Kuchenbretter aus Ahorn oder aus anderen geeigneten Hölzern, beispielsweise Buche, Linde, Erle, Birke, auch ohne Drechselbank anfertigen, indem sie samt Griff aus einer verleimten, gehobelten Brettfläche ausgesägt werden. Die Sägekante wird abschließend mit Feile und Schleifpapier sauber verputzt.

Käsebrett mit Glasglocke

Auf ähnliche Weise wie beim Schneidbrett ist es möglich, eine Platte für Käse herzustellen. Damit sich die im Hausratgeschäft gekaufte Glasglocke exakt aufsetzen läßt, drehen wir eine Nute oder einen Anschlagfalz für die untere Kante der Glasglocke.

Es ist durchaus möglich, ein Kantenprofil anzudrehen, eine Nute oder einen Anschlagfalz anzuschneiden, ohne die zuvor gehobelte Holzscheibe auf einem Futter zu befestigen oder von der Bodenseite her auf die Planscheibe zu schrauben.
Die Sache geschieht ganz einfach durch Festklemmen zwischen der auf

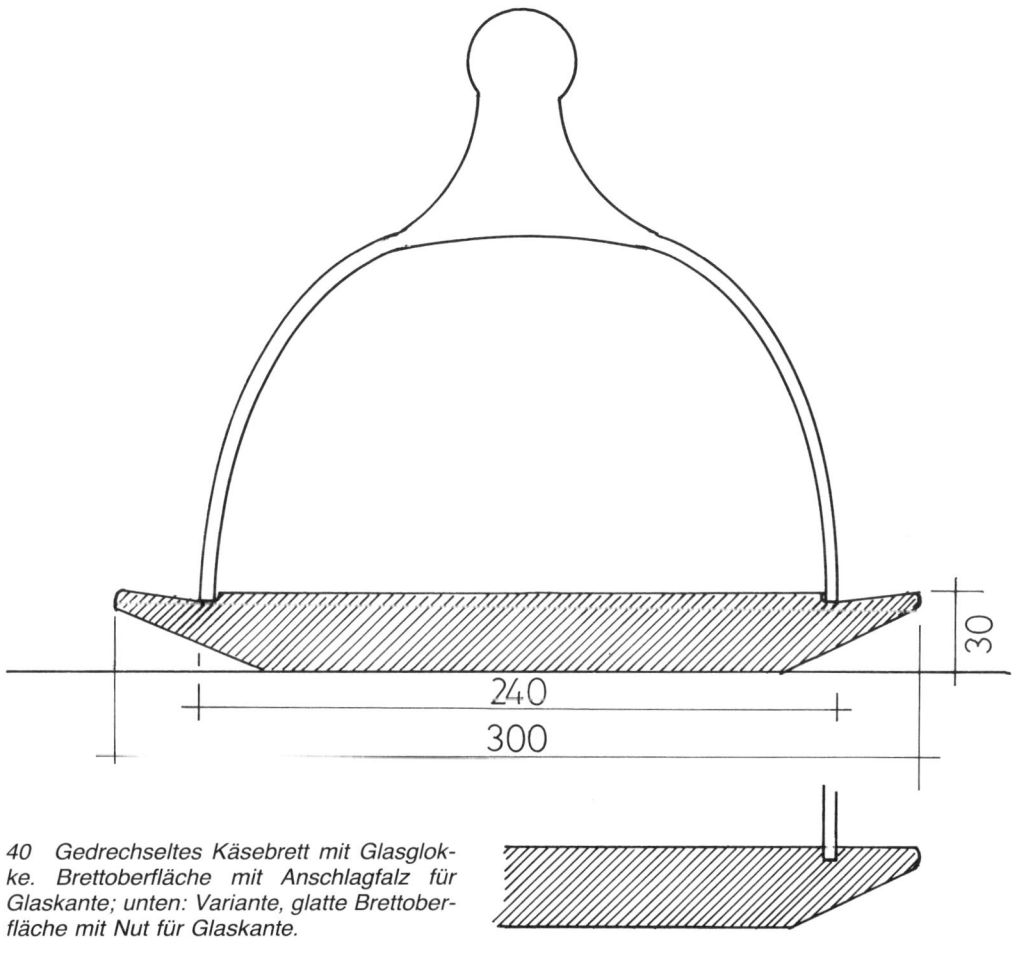

40 Gedrechseltes Käsebrett mit Glasglocke. Brettoberfläche mit Anschlagfalz für Glaskante; unten: Variante, glatte Brettoberfläche mit Nut für Glaskante.

39 Käsebrett aus Stirnholzteilen (Kirschbaum), verleimt und gedrechselt, ⌀ 300 mm, Dicke 30 mm (links).

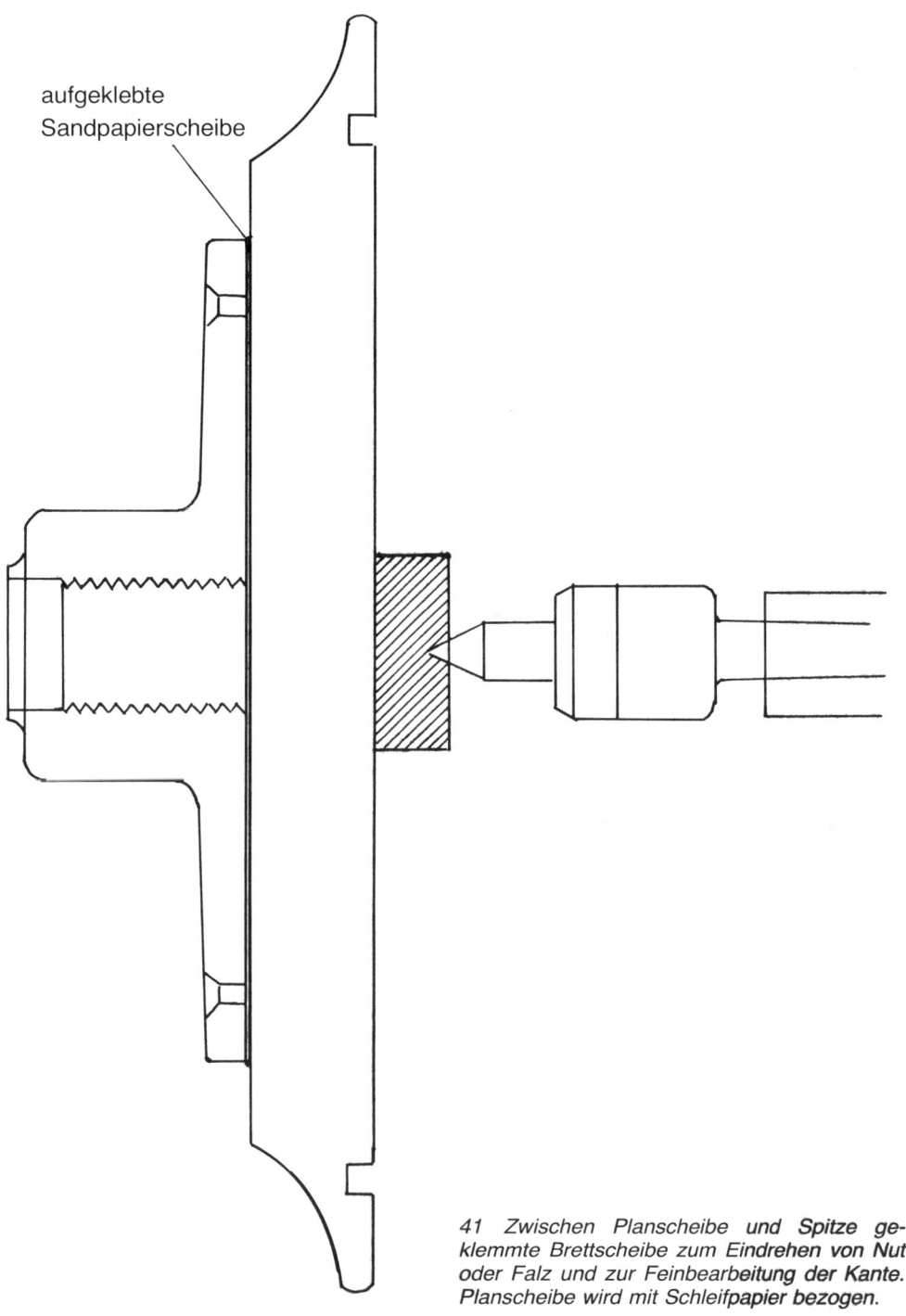

aufgeklebte
Sandpapierscheibe

41 *Zwischen Planscheibe* **und Spitze** *ge-
klemmte Brettscheibe zum* **Eindrehen von Nut**
oder Falz und zur **Feinbearbeitung der Kante***.
Planscheibe wird mit Schleif***papier bezogen***.*

die Spindel aufgesetzte Planscheibe und der im Reitstock sitzenden, rotierenden Spitze.

Damit die Planscheibe als eigentlicher Mitnehmer wirkt, wird sie mit grobem Sandpapier bezogen. Die rotierende Spitze darf aber nicht in die eingespannte Brettfläche einstechen, sondern sie soll sich, damit die Platte unbeschädigt bleibt, in eine dazwischen gelegte Hartholzscheibe eingraben.

Die mit Nute, Anschlagfalz oder Griffprofil versehene Holzscheibe kann auf diese Weise fein bearbeitet und ausgeschliffen werden.

Der große Vorteil dieser Aufspannmethode liegt darin, daß weder auf der Schneid- noch auf der Bodenfläche der Platte tiefgreifende Befestigungsspuren zurückbleiben.

Stirnholzbretter

Eine weitere Möglichkeit in der Gestaltung von Schneidbrettern besteht in der Anwendung von Stirnholz.

Stirnholzteile lassen sich sehr einfach durch das weitere Aufteilen von gehobelten Brettern oder Leisten gewin-

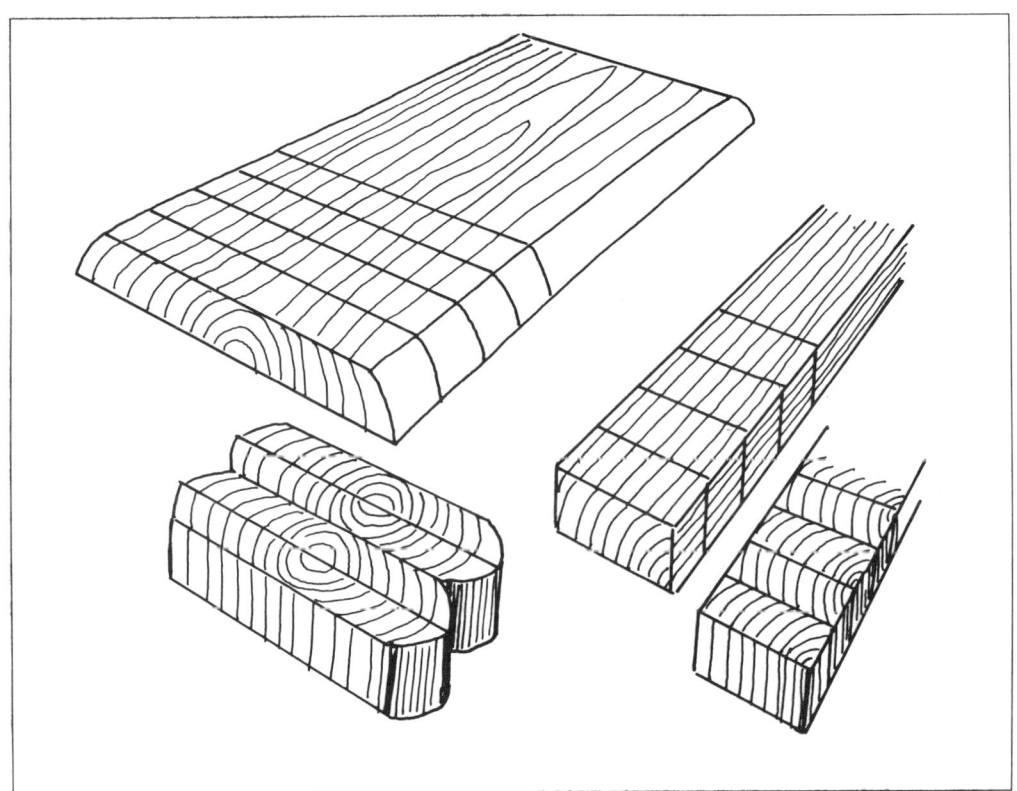

42 Die Herstellung von Stirnholzbrettern durch Aufteilen von gehobelten Brettern. Die Teile werden so gedreht, daß die Faser in senkrechter Richtung verläuft.

nen. Die Teile werden in genau gleicher Länge auf der Bandsäge oder Kreissäge vorbereitet und nachher mit wasserfestem Leim zu einer Fläche verklebt, wobei die einzelnen Teile aufgestellt und zu einem Stirnholzbild zusammengelegt werden.

Um ein lebhaftes Holzbild zusammenstellen zu können, benötigen wir Hölzer mit deutlicher Jahrringzeichnung. Das Holz muß vor der Verarbeitung absolut trocken sein, weil sich sonst, durch den Abschwund verursacht, Risse und offene Fugen zeigen.

43 Stirnholz-Schneidbrett (Kirschbaum) als Käsebrett aus quadratischen Teilen wasserfest verleimt.

Hölzer mit deutlicher Jahrringzeichnung wie Kiefer, Lärche, Kirschbaum, Nußbaum, Esche, Robinie eignen sich in getrocknetem Zustand besonders für die Herstellung von Stirnholzbrettern.

Harte exotische Hölzer sind oft sehr schwierig zu verleimen. Bei Verwendung von modifizierten Dispersionsleimen, zum Beispiel bei weißem Fensterleim, erhärtet die Leimschicht nur sehr langsam, weil das dichte Hartholz das im Dispersionsleim enthaltene Wasser nur sehr schlecht abziehen läßt.

Während bei unseren einheimischen Hölzern die Verleimung mit dem weitgehend wasserfesten Fensterleim genügt, ist für dichtes, hartes Exotenholz Epoxydharz zu verwenden.

Mit diesen Leimen ist es möglich, absolut wasserfeste Leimfugen zu erreichen.

Die verleimten, beidseitig gehobelten Stirnholzbretter werden nun auf die Planscheibe geschraubt und auf der Schneidfläche bearbeitet. Gleichzeitig kann auch der Rand der Scheibe bearbeitet und, sofern eine Glasglocke aufgesetzt wird, eine Nute oder ein Anschlagfalz für die Glaskante der Glocke angedreht werden.

Sind die beiden Stirnholzflächen bereits fein geschliffen, läßt sich das Brett, wie bereits beschrieben, zwischen Planscheibe und Spitze klemmen. Auf diese Weise entstehen keine störenden Schraubenlöcher auf der Unterseite der Platte.

Tellerformen

Spricht man von einem Teller, so denkt man zunächst an ein eher flaches Gefäß mit mehr oder weniger breitem Rand. Da es sich um ein Gefäß mit geringer Höhe handelt, geht es hier mehr um ein sorgfältiges Anrichten und Repräsentieren auf größerer oder kleinerer Fläche.

Wir haben es also nicht mit einer starken Innenwölbung zu tun, sondern in

44   Teller mit breitem Rand aus Eichenholz, 250 mm ⌀, Höhe 32 mm.

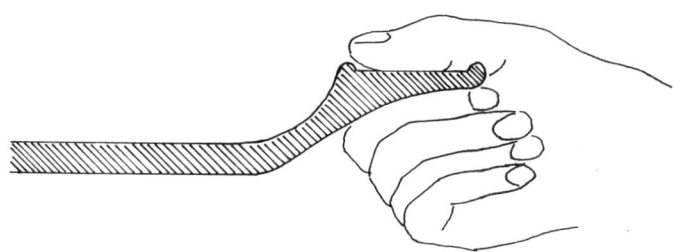

45 Tellerränder dienen dazu, daß der gefüllte Teller mit der Hand richtig aufgenommen werden kann.

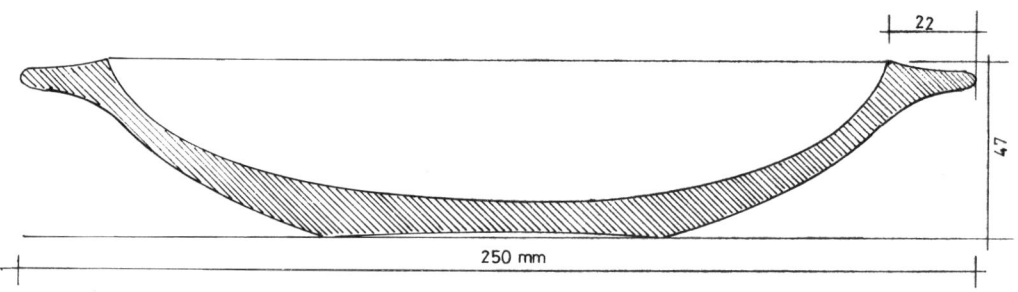

22

47

250 mm

46 Detail zu Teller mit tiefer Mulde.

der Regel mit einem geraden oder nur leicht nach unten gewölbten Boden. Die Ränder bilden nicht nur den oberen Abschluß des Tellers, sie dienen auch dazu, daß der gefüllte Teller mit der Hand richtig aufgenommen und wieder auf der Tischplatte plaziert werden kann.

Auch bei den ältesten bekannten Tellerformen läßt sich immer wieder eine Randfläche feststellen. Es zeigt sich deutlich bei der Entwicklung der Tellerform, wie dieses Gefäß von den Bedürfnissen her und durch den Gebrauch seine jetzige Form erhielt.

Der Tellerrand läßt sich nun aber sehr vielfältig variieren.

Es kann beispielsweise ein schmaler, horizontaler Rand sein, nach unten verläuft die Außenwand wieder mit der Mulde.

Soll die Wölbung der Innenform betont werden, beginnt die Mulde beim Rand mit einem kleineren Radius. Auf diese Weise erhält man eine Muldenform, die das Überschwappen des Inhalts verhindert.

Es entsteht der optische Eindruck, daß trotz geringer Höhe des Tellers (Holzdicke) sehr viel Innenraum geschaffen werden kann. Der Tellerrand wird dabei nicht selten auf der äuße-

47 Teller aus Föhrenholz mit großer Innenwölbung, 250 mm ⌀, 47 mm Höhe.

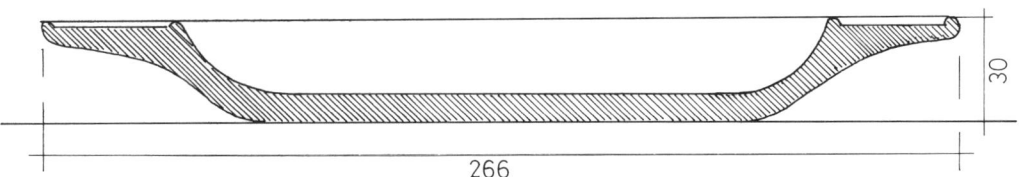

30

266

48 Detail zum flachen Teller, Rand mit Wellen oder Rippen.

ren und inneren Randflächengrenze mit einer feinen Welle nach oben versehen.

Daß sich beim Drechseln eines Tellers die Aufspannmethode mit der auf den Rohling aufgeleimten Blindholzrosette am besten eignet, habe ich immer wieder erfahren. Auf diese Weise können Außen- und Innenseite gleich schon am Anfang aufeinander abgestimmt werden.

Das Entstehen der Schale oder des Tellers wird vor allem für den, der sich um eine neue Form bemüht, überschaubarer.

Mit Hilfe der aufgeleimten Blindholzro-

sette lassen sich auch Vordreharbeiten für Teller und Schalen mit großem Durchmesser ohne besondere Mühe ausführen.

Diese Maßnahme lohnt sich vor allem bei nicht absolut durchgetrockneten Bohlen. Der fertig vorgedrehte Teller oder die Schale wird von der Planscheibe gelöst und zum Nachtrocknen für einige Zeit weggestellt.

Beim Vordrehen ist zu beachten, daß Wandstärken, Böden und Ränder wesentlich dicker ausfallen müssen.

Es ist auch damit zu rechnen, daß größere Teller und weite Schalen in der Breite wesentlich mehr abschwinden

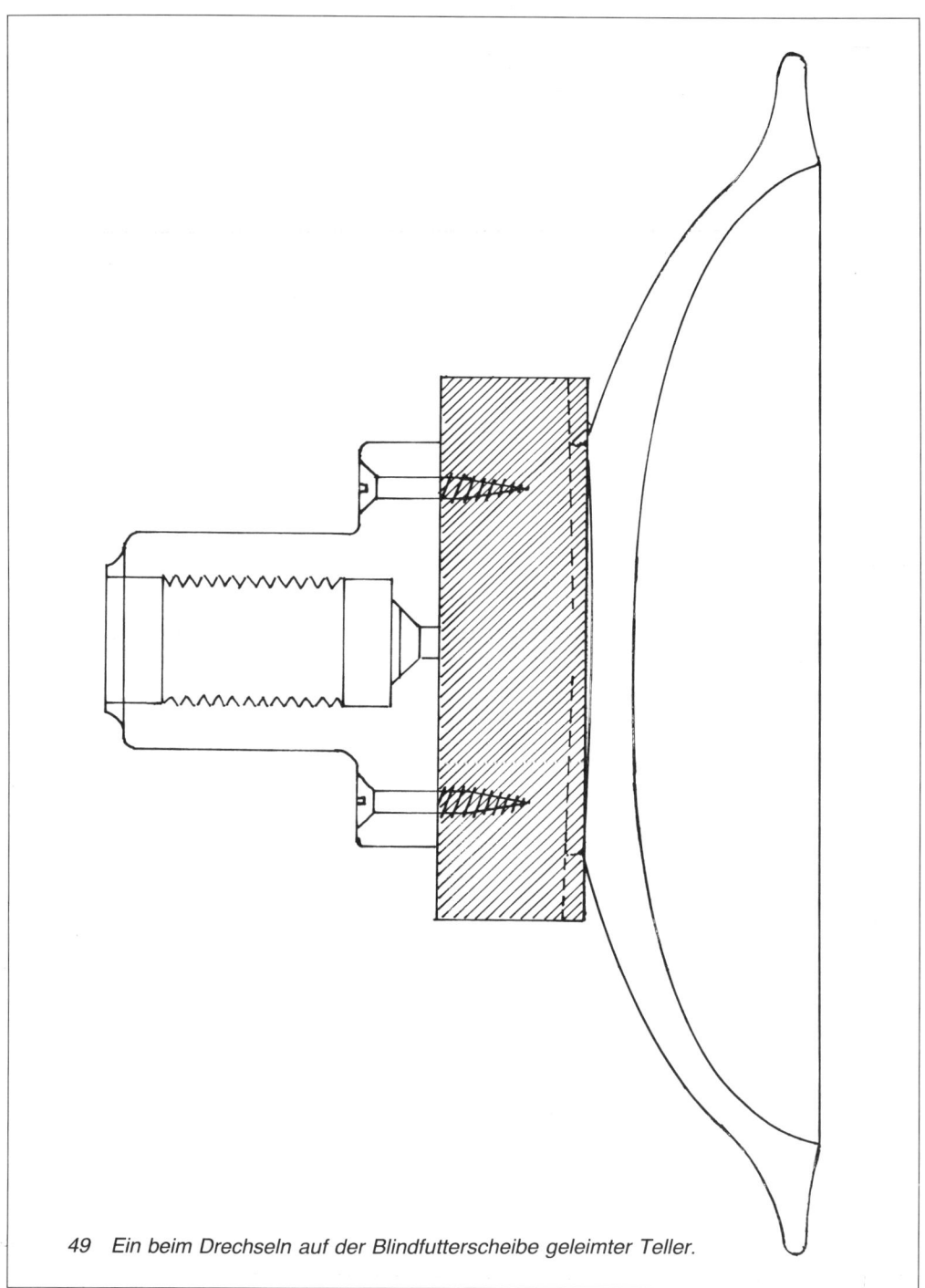

49 Ein beim Drechseln auf der Blindfutterscheibe geleimter Teller.

50 Flacher, leicht gewölbter Teller aus schön gezeichnetem Lärchenholz, ⌀ 280 mm,
Höhe 20 mm.

als in der Richtung der Holzfaser und
daß sie sich, infolge Abschwund, auf
der rechten Brettseite wölben könnten.

Die Auswirkungen am gedrechselten
Teller durch das Arbeiten des Holzes:
Der Teller schaukelt, weil sich der Bo-
den wölbt (rechte Seite unten). Der

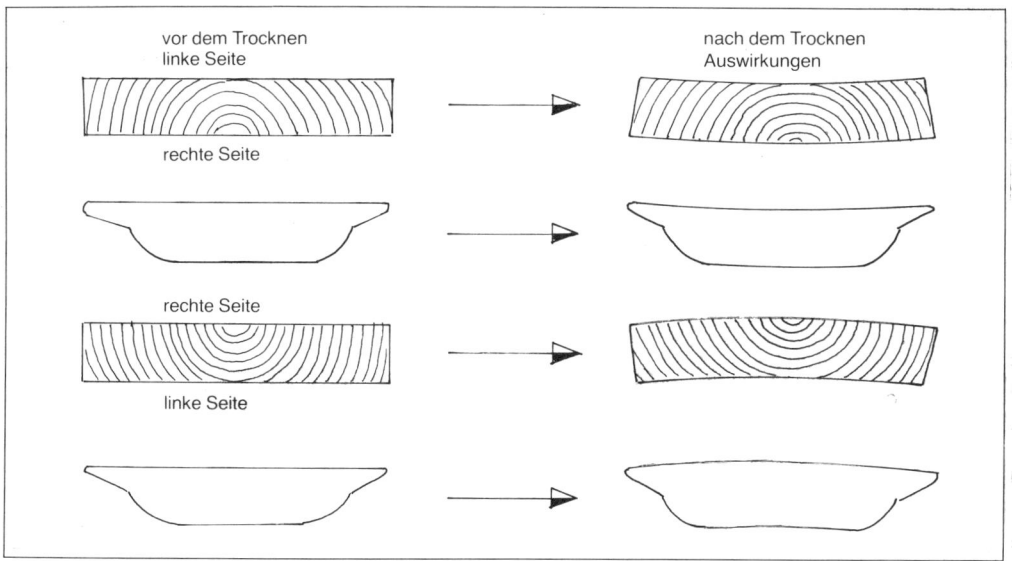

vor dem Trocknen
linke Seite

rechte Seite

nach dem Trocknen
Auswirkungen

rechte Seite

linke Seite

51

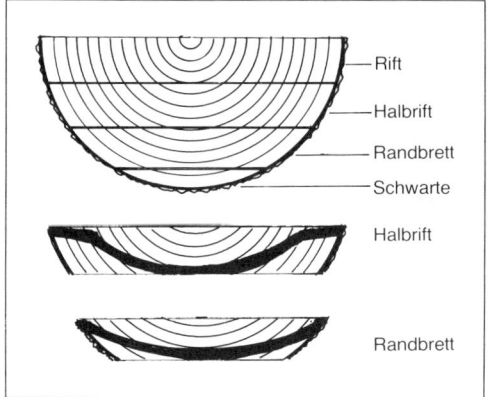

Rift

Halbrift

Randbrett

Schwarte

Halbrift

Randbrett

52

51 Die Auswirkungen des Trocken- und Schwundprozesses am gedrechselten Teller.

52 Die Ausnutzung: Halbriftbrett, Randbrett beim Drechseln von Tellern und flachen Schalen.

53 Eine aus Lärchenholz geschnitzte Schale, ovale Form. Die Wölbung wurde von der linken Brettseite her geschnitzt.

53

48

obere Rand liegt nicht mehr auf gleicher Höhe, weil er sich auf zwei gegenüberliegenden Seitenkanten nach oben geworfen hat.

Der Teller ist nicht mehr kreisrund, durch das Abschwinden in der Brettbreite wird er leicht oval.

Wenn die rechte Brettseite beim Drechseln nach oben gekehrt wird, ist mit folgenden Auswirkungen am gedrechselten Teller zu rechnen:

Der Boden wird leicht hohl. Die Zeichnung der Jahrringe tritt etwas weniger interessant in Erscheinung, als dies bei Mulden mit der rechten Seite nach oben geschieht. Ein Vorteil, Rand und Halbriftbretter lassen sich bis zur äußersten Brettkante ausnutzen!

Schalen und Schalenformen

Die Schale ist ein Holzgefäß mit stärkerer Innenwölbung und weniger breitem, meist feiner ausgebildetem Rand, eigentlich eine Holzform, die ihren Inhalt umschließt.

Schalen und Schüsseln sind dazu da, um in ihrer Muldenform etwas aufbewahren zu können. Sie wurden vor allen Dingen in früheren Zeiten dazu hergestellt, um trockene oder auch flüssige Nahrungsmittel aufzunehmen und zu lagern.

Fritz Spannagel zeigt uns in seinem 1940 erschienenen »Drechselwerk« solche Schalen aus der La-Tône-Zeit. Die Aufnahmen stammen aus dem Schweizerischen Landesmuseum Zürich.

Diese Holzgefäße sind von beispielhafter, vollendeter Form, nicht in einem bekannten Entwerferbüro, sondern vor mehr als zweitausend Jahren aus den Bedürfnissen dieser Menschen entstanden. Die reine Zweckform hat sich über Jahrhunderte hinweg durchgesetzt.

Die gedrechselten Schalen und Dosen, die man beim Kornmalen und in

54   Flache Schale aus Zebrano, ⌀ 300 mm, Höhe 20 mm.

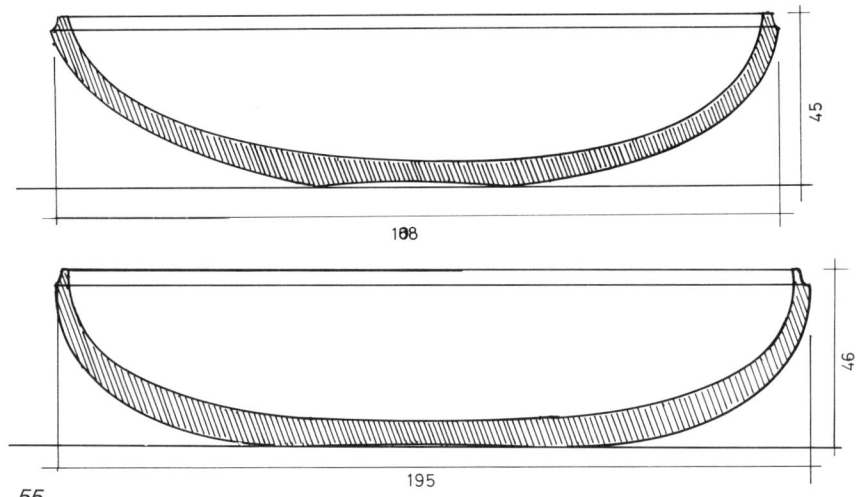

55

56

57

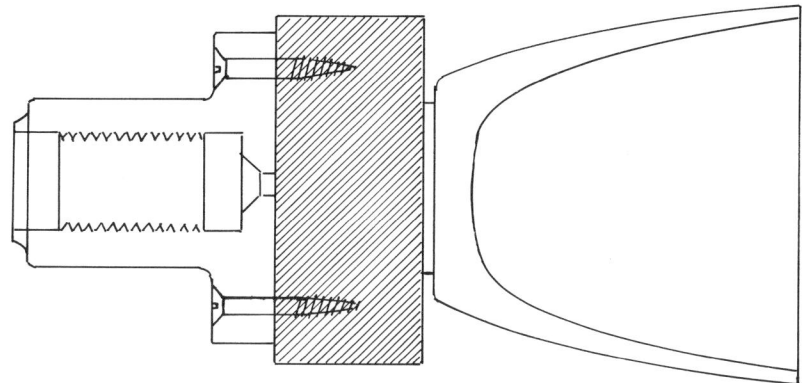

58 Blindholzscheibe mit aufgeleimtem Schalenrohling, fertig gedrehte Form zum Abstechen bereit. Verwendung des Schraubenfutters ohne Mitnehmerschraube als Planscheibe.

der Sennerei verwendete und die bereits vor zweitausend Jahren einen außerordentlichen Gebrauchswert besaßen, sind einzigartig schön.

Das Aufspannen eines Schalenrohlings auf der Drechselbank erfolgt in gleicher Art wie beim Teller.

Da es sich bei Schalen um dickere Rohteile handelt, soll mit Vorsicht an die Sache herangegangen werden.

Je mehr Gewicht und Durchmesser, um so größer ist die Zentrifugalkraft, die sich auf der rotierenden Spindel entwickelt. Dabei spielt die Drehzahl der Spindel eine ausschlaggebende Rolle.

Je größer der Durchmesser und das Gewicht der aufgespannten Schalen, desto kleiner soll die Drehzahl der Spindel sein.

55 Detail-Schnitte zu Schale aus Buche (oben); Schnitt zu Schale aus Kiefer (unten).

56 Schale aus Eiche, ⌀ 220 mm, Höhe 50 mm. Aus sehr harten Holzpartien in der Nähe des Wurzelstockes gedrechselt.

57 Schale aus Kiefer, ⌀ 195 mm, Höhe 45 mm. Das dunklere Kernholz unterscheidet sich deutlich vom helleren Splintholz.

59 Salatschüssel aus Zürgelholz, ⌀ 500 mm, Höhe 60 mm.

Eine Unfallgefahr ergibt sich, wenn schwere Schalenrohlinge einseitig auf Planscheiben aufgeschraubt, sich lösen können, dann heißt es: sofort abstellen und so schnell wie nur möglich weg von der voraussichtlichen Flugbahn.

Die Drechselbank gilt im allgemeinen nicht als gefährliche Maschine, aber Werkstücke mit viel Gewicht gelten

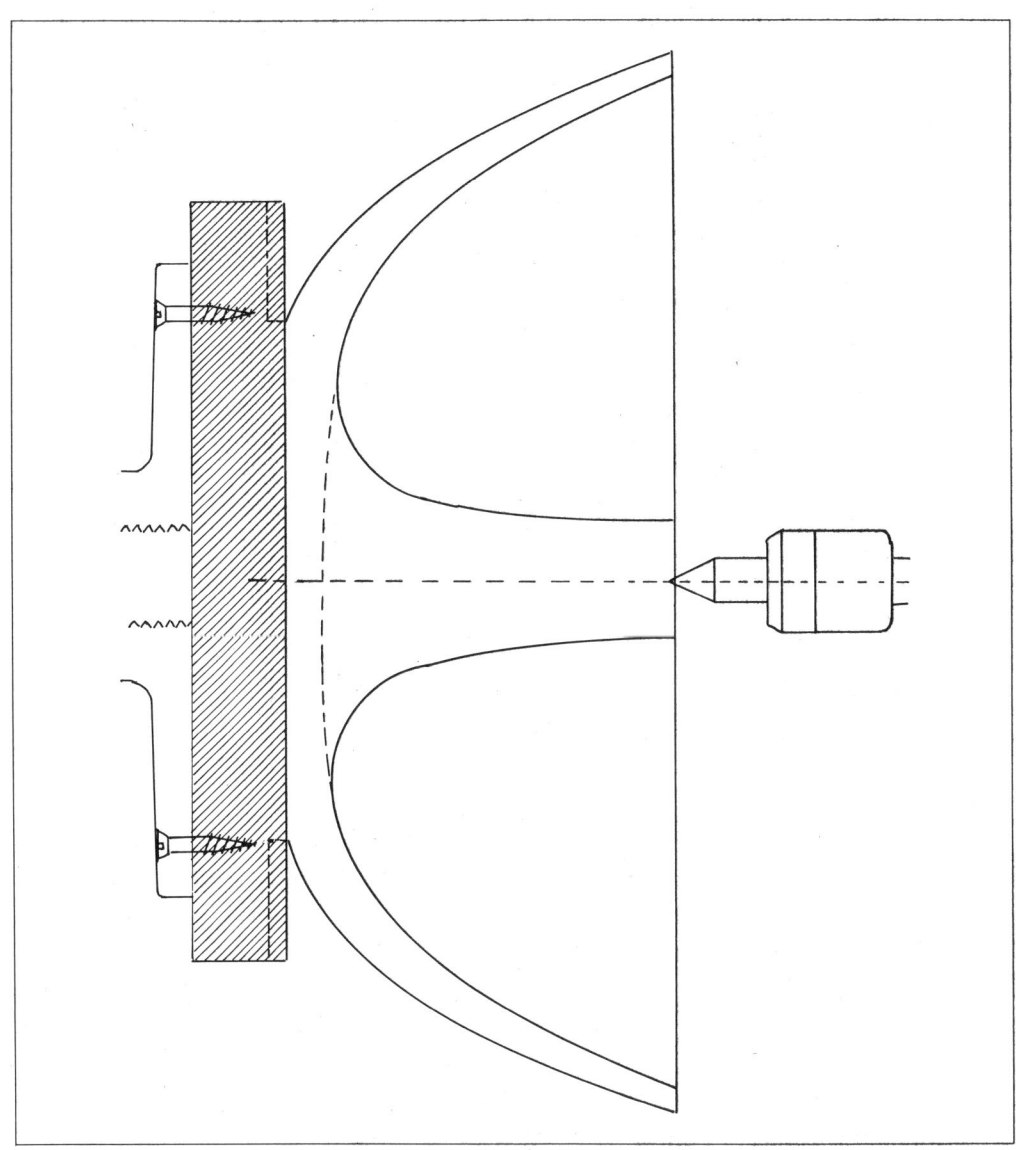

60 *Drechseln einer großen, hohen Schale mit Unterstützung der rotierenden Spitze. Die Stützsäule wird nach dem Herausdrechseln des Hauptvolumens entfernt.*

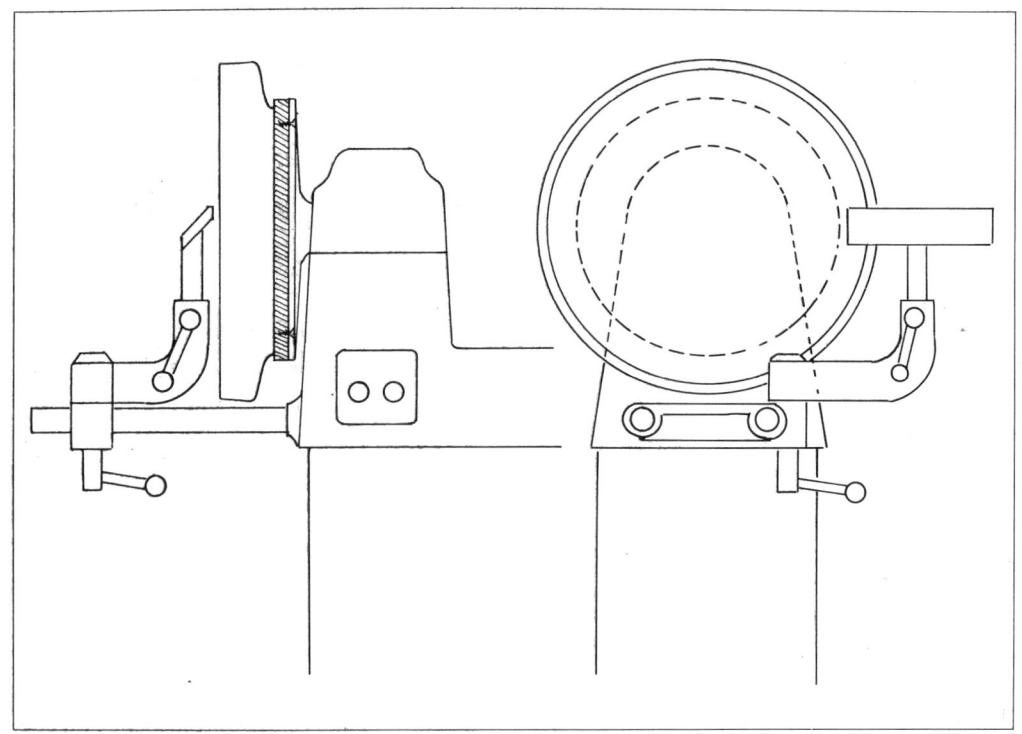

61 *Außendrehvorrichtung für große Schalen. Der auf einer Blindholzscheibe aufgeleimte Schalen-Rohling wird mit Holzschrauben auf der Außenplanscheibe befestigt.*

auch auf schweren Drehmaschinen nicht als ungefährlich.

Insbesondere gilt dies für Außendrehvorrichtungen, hier darf nur mit niedrigster Drehzahl gearbeitet werden. Weggerissene Rohlinge fliegen unter Umständen auch durch geschlossene Fenster, verändern Decken und Wände und bringen Menschen in Gefahr. Es wurde bereits darauf hingewiesen, welche Folgen bei der Bearbeitung von schlecht getrocknetem Holz bezüglich Verformung zu erwarten sind. Bei großen Stücken können sich die Folgen verheerend auswirken.

Für die Herstellung von großen Scha-len ist nach Möglichkeit nur vorgedrehtes Holz zu verwenden.

Beim Vordrehen werden Schalenwände und Böden um mindestens 2 cm dicker geformt. Nach mehrwöchigem Nachtrocknen in gut durchlüfteten Räumen kann die vorgedrehte Schale erneut wieder aufgespannt und fertig gedrechselt werden.

Beim Drechseln von großen Schalen ist nicht nur Vorsicht das Gebot der Stunde, sondern es sind auch kräftige Arme und Hände für die Führung der Röhre notwendig. Für das Ausdrehen der großen Mulde sollen es schnittige lange Röhren von bester Qualität sein, die eine möglichst lange Standzeit aufweisen.

Damit sich ein dauerhafter Hebelarm bildet, ist es notwendig, daß die langen Röhren mit einem ebenso langen, gut in die Hände passenden Holzgriff versehen werden.

Auch auf der Außendrehvorrichtung der Drechselbank kann das Drechseln bei großen Arbeitsstückdurchmessern mit stark verringerter Spindeldrehzahl geschehen.

Wenn bei einem Werkstückdurchmesser von 50 cm noch mit 750 U/min gedrechselt werden kann, bedeutet die gleiche Drehzahl für einen Durchmesser von 80 cm ein unverantwortliches Risiko.

Werkstücke über 50 cm Durchmesser dürfen nur auf einer Spezialdrehmaschine mit genügender Drehzahlreduktion für die Spindel bearbeitet werden. Schneidstähle werden bei diesen Geräten im Support eingespannt und mechanisch bewegt.

Große Salatschüsseln, Schüsseln für Früchte, Käsebretter, Kuchenbretter, Stuhlsitzflächen, Tabletts, Reifen und Radscheiben für Spinnräder, lauter Dinge, die eine Spitzenhöhe von 20 bis 25 cm erfordern oder auf einer Außendrehvorrichtung aufgespannt werden müssen.

Über die Herstellung eines Speichenrades für ein Spinnrad

Ohne Holzdrehbank geht es bei diesem kunstvoll verzierten Spinnrad aus dem Kanton Graubünden nicht. Die größte und schwierigste Arbeit beim Nachbau dieses traditionellen Gerätes ist das große Speichenrad. Dazu eignet sich nur eine größere Drehbank, auf die sich ein Reifen mit über 60 cm Durchmesser sicher aufspannen läßt. Die Sache ist ja bei dieser Reifengröße nicht mehr ganz harmlos. Wenn die Umdrehzahl der Spindel nicht auf ein Minimum gedrosselt werden kann, entwickelt sich eine recht ungemütliche Zentrifugalkraft.

Der Umfang des Reifens: $D \cdot \pi$, das heißt $60 \cdot 3,14 = 207,34$ cm. Bei etwa 300 Umdrehungen pro Minute ergibt sich eine Schnittgeschwindigkeit von 10,3 m pro Sekunde.

Der vorbereitete, aus 4 oder 6 Segmenten zusammengesetzte Reifen wird auf einer geraden Sperrholzplatte oder auf einem überplatteten Holzleistenkreuz festgeschraubt. Damit keine Schraubenlöcher ausgeflickt werden müssen, behelfen wir uns mit Metallbügeln aus 3 mm dickem und 20 bis 25 mm breitem Bandeisen.

Mit Mutterschrauben, die durch die Aufspannscheibe führen, spannen wir mit Hilfe dieser Metallbügel den verleimten Reifen fest auf Platte oder Kreuz.

Um die Außenkante samt Schnurkerbe zu drehen, sind die Bügel von der Innenseite her festzuschrauben. Wird die Innenkante des Reifens sauber gedreht, lösen wir die Bügel und spannen von der Außenseite her.

Nachdem der schwere Reifen fertiggedreht vor uns liegt, ist das Aufregendste wohl getan. Was weiter folgt,

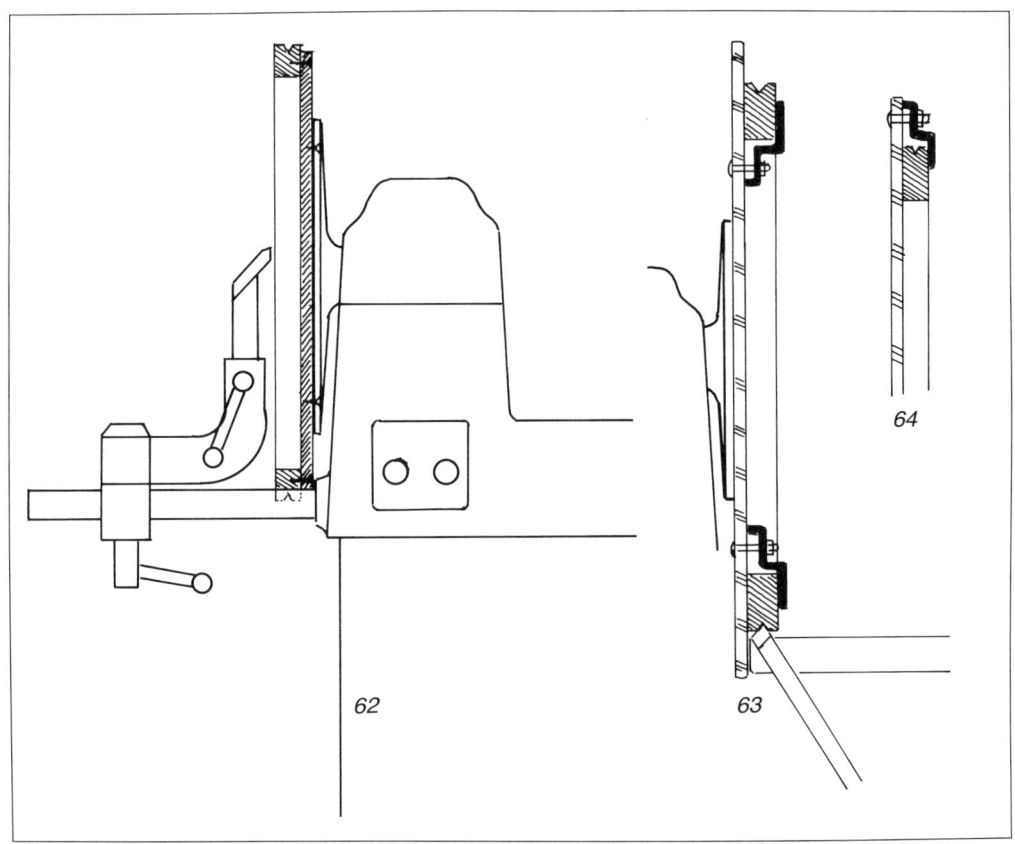

62 *Aufspannen eines Reifens auf der Außendrehvorrichtung. Der Reifen wird mit Holzschrauben durch die auf der Außenplanscheibe befestigte Sperrholzscheibe festgeschraubt.*

63 *Mit Metallbügeln aufgespannter Holzreifen für das Drehen der Außenkante.*

64 *Befestigung beim Drehen der Innenkante.*

ist zwar nicht weniger anspruchsvoll, gehört aber zu den angenehmeren Drechslerarbeiten.

Die Nabe, ein ordentlicher Holzklotz, der aus zwei papierverleimten Bohlenscheiben besteht, wird mit Hilfe eines Blindfutters auf die Planscheibe geschraubt und auf der Reitstockseite sicher und genau im Zentrum gehalten. Ist die Nabe in Form gebracht und fein geschliffen, muß das Loch für die

Metallachse mit angeschmiedeter Kurbel gebohrt werden.

Das 10-mm-Loch, das genau durch die Drehachse läuft, wird mit Hilfe eines in die Reitstockpinole gesteckten Bohrers vorgenommen. Bei diesem Vorgang bleibt die Nabe auf der Spindelseite immer noch in fester Verbindung. Sie wird erst dann mit dem Abstechstahl abgetrennt, wenn sie durchbohrt ist.

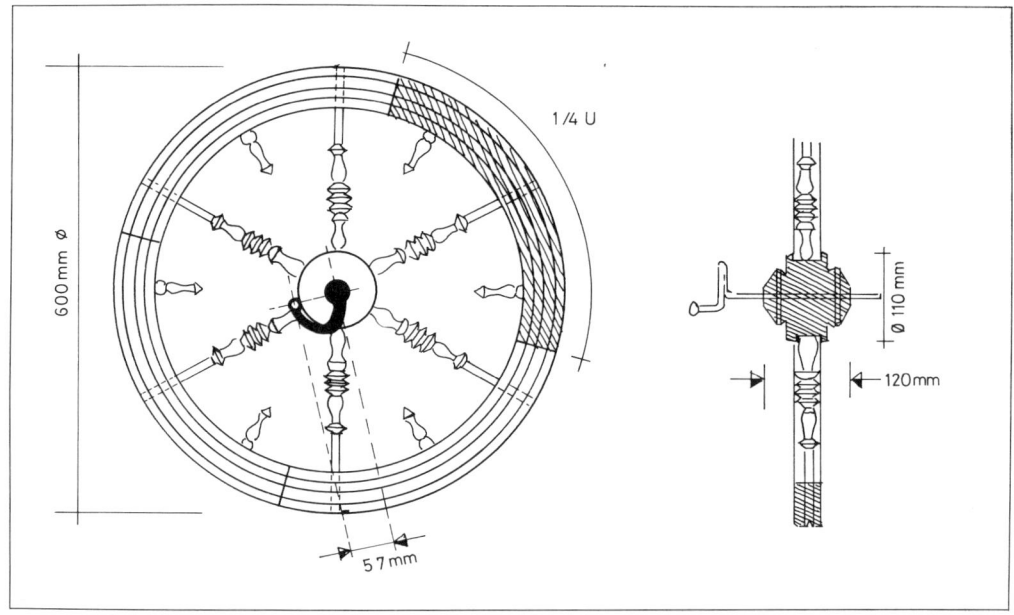

65   Details zum Speichenrad für das Bündner-Spinnrad aus Lärchenholz; Speichen, Ahornholz.

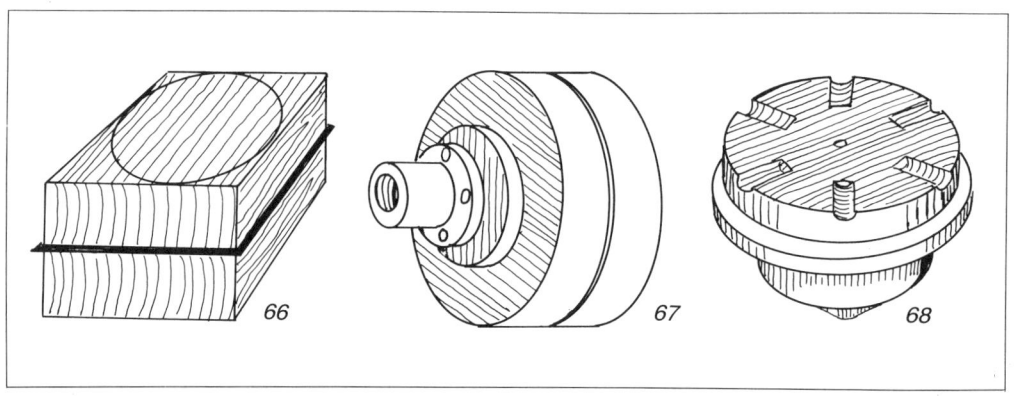

66   Papierverleimter Block für Nabe.

67   Kleine Planscheibe auf Blindfutter, aufgeleimte Blindholzscheibe, montiert.

68   Nabenhälfte mit den angebohrten Aussparungen für Speichen.

Die durch die dazwischengeleimte Papierschicht entstehende Linie wird durch eine eingeschnittene Kerbe deutlicher gezeichnet. Beim Bohren der Speichenlöcher in den Felgenreif und in das fertiggedrehte Nabenholz muß äußerst exakt vorgegangen werden.

Ich muß annehmen, daß es nur wenigen Lesern möglich sein wird, die nun folgenden Bohrvorgänge auf einer geeigneten Langlochbohrmaschine mit Einspannvorrichtung auszuführen. Man wird sich in vielen Fällen eben mit der altvertrauten Bohrwinde und einem gut geschärften Bohreinsatz behelfen müssen. Bei diesen Bohrarbeiten ist die Richtung unseres Bohrers durch aufgestellte Anschlagswinkel und Schrägmaße immer wieder neu zu überprüfen.

Die fertiggedrehte Nabe soll ihre Speichenlöcher genau auf die Papierleimfuge erhalten. Nachdem die 6er-Teilung auf der Leimfuge rings um die Nabe vorgenommen ist, wird mit einem fein gerichteten Schlangenbohrer zum Bohren der Speichen angesetzt. Daß die Speichen aber auch genau im rechten Winkel zur Radachse stehen müssen, versteht sich von selbst.

Das Bohren geht etwas schneller, wenn uns eine Langlochbohrmaschine zur Verfügung steht. Auf dem kleinen Tisch dieser Vorrichtung mit horizontal laufendem Bohrer, ist eine Drehvorrichtung für die sich in vertikaler Richtung drehende Nabe aufzubauen.

Das Bohren der Speichenlöcher dürfte mit dieser Lehre nicht allzu schwierig sein.

Nachdem alle Speichenlöcher in die Holznabe gebohrt sind, kann die Papierfuge aufgespalten werden. Für diesen Vorgang eignet sich ein altes Tischmesser, mit dem wir die beidseitig beleimte Papierschicht leicht einschneiden und für das Eintreiben der Klinge einen leichten Holzhammer zu Hilfe nehmen.

Nach ein paar feinen Schlägen springt die Fuge auf. Papier- und Leimreste putzen wir auf beiden Hälften mit Ziehklinge und Zahnhobel weg. Das Speichenrad ist damit für den Zusammenbau bereit.

Als erstes werden die genau auf Länge gesägten Speichen durch die mit Leim ausgestrichenen Löcher im Felgenreifen geschoben.

Alle gegen die Achse zeigenden Enden der Speichen betten wir in die angebohrten Aussparungen einer Nabenhälfte, diesmal natürlich ohne Papierzwischenlage auf dem unten liegenden Teil.

Um ein möglichst zentrisch laufendes Speichenrad zu erreichen, sind die Distanzen zwischen Nabe und Reifen genau zu überprüfen und eventuell auszugleichen.

Nun ist auch der Zeitpunkt gekommen, um die durch die Holzfelgen stoßenden Speichen von außen her zu verkleiden und alles über die Außenkante Vorstehende sauber wegzuschneiden und zu verputzen.

Eine zweite Methode für den Zusammenbau des Speichenrades ist das Vorgehen des Stellmachers. Nach

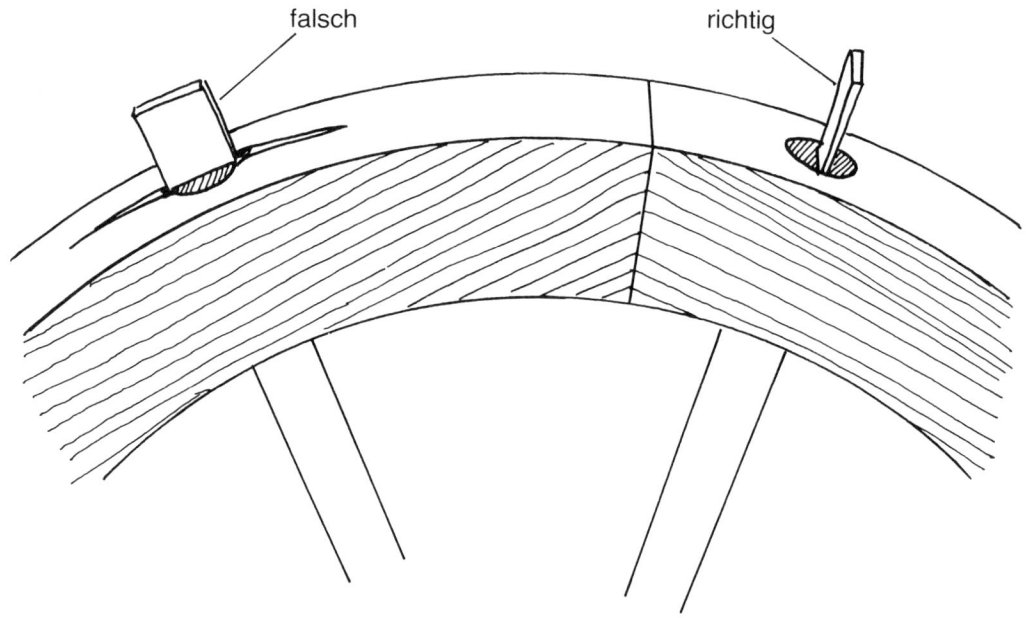

falsch   richtig

69   *Richtig und falsch eingetriebene Keile beim Montieren der Speichen im Holzreifen.*

meiner Ansicht stellt diese herkömmliche Methode bereits sehr hohe Anforderungen. Die Nabe kann bei diesem Vorgehen aus einem Stück gedrechselt werden, das Papierverleimen fällt weg.

Hingegen wird der aus vier oder sechs Segmenten bestehende Reifenkranz erst im letzten Moment beim Aufstekken auf die Speichen zusammengedübelt und verleimt.

Für erfahrene Leute, die im Bau von Holzspeichenrädern geübt sind, mag dieses traditionelle Verfahren nichts Außergewöhnliches bedeuten, aber für den Anfänger wird es im letzten Zusammenbau-Stadium schon etwas schwierig werden.

Hohe Schalen

Das Drechseln von hohen Schalen ist auf kleinen Drehbänken mit geringem Spindeldurchmesser nur in seltenen Fällen möglich. Die Beanspruchung von Spindel, Lagerung und Motor ist bei großen Hartholzrohlingen sehr hoch. Wer sich für das Drechseln von hohen Schalen, Bechern oder Dosen interessiert, kann das nur wagen, wenn seine Drehmaschine bei dieser hohen Beanspruchung nicht ins »Schlottern« gerät. Sie darf unter keinen Umständen zu leicht gebaut sein. Ein kräftiger Antriebsmotor soll die Spindel auch bei starker Belastung auf konstanten Drehzahlen halten.

70 *Hohe Schale aus Eichenholz mit Sockel,*
Ø 230 mm, Höhe 140 mm.

Beim Ausdrehen von tiefen Mulden, beim Ausbuchten von hohen Dosen und Bechern wird es sich zeigen, ob die Drehmaschine diesen hohen Anforderungen auch wirklich zu genügen vermag. Ich könnte mir kaum 'eine bessere Empfehlung für eine Holzdrehbank vorstellen als: »Läuft beim Ausdrehen von hohen Schalen, Dosen und Bechern gleichmäßig und absolut vibrationsfrei«.

Bei dieser harten Beanspruchung der Maschine ist es auch außerordentlich wichtig, daß sich der Rohling oder die vorgedrehte Form nicht aus dem Futter lösen kann.

Wird das Spundfutter verwendet, darf der angedrehte Zapfen nicht zu kurz sein. Der Konus des einzuschlagenden Zapfens muß der Innenform des Metall- oder Holzspundfutters genau entsprechen.

Auf sicher geht man auch bei hohen Schalen, wie bei der vorhin beschriebenen Aufspannmethode für Teller, mit der auf den Rohling aufgeleimten Blindholzrosette. Auf diese Weise läßt sich die ganze Holzdicke für die Höhe des gedrechselten Gegenstandes

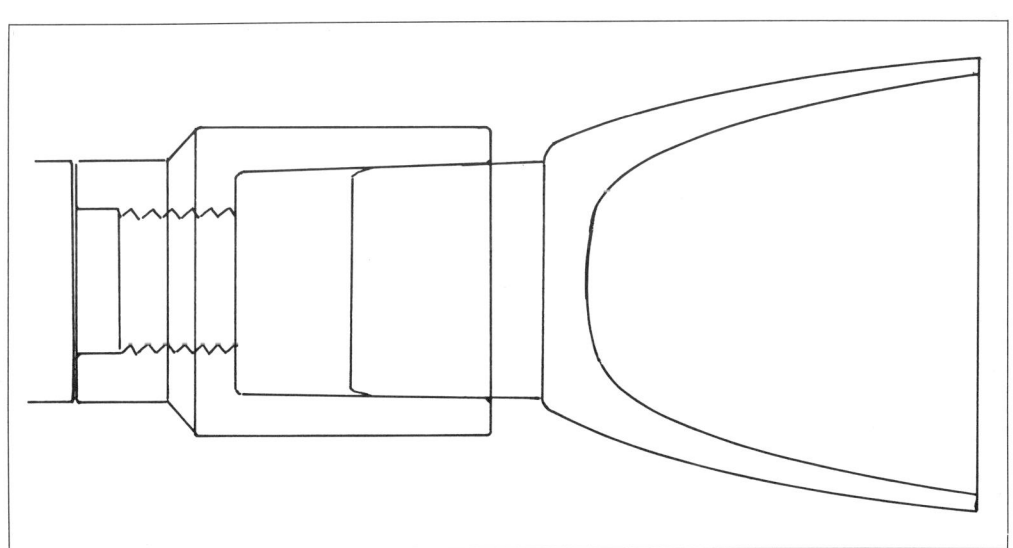

71 *Drechseln einer hohen Schale im Spundfutter.*

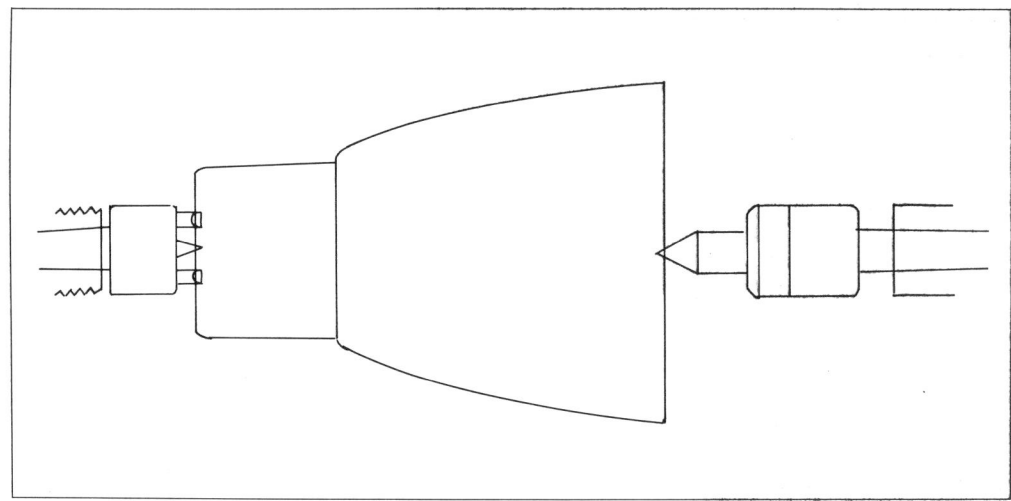

72 *Vorbereiten einer Schalenform zwischen Dreizack und rotierender Spitze. Der Zapfen oder Spund wird genau nach den Innenmaßen des Spundfutters angedreht.*

ausnutzen. Die Methode mit der auf-geleimten Blindholzscheibe eignet sich allerdings nur für Schalen aus Querholz. Für Dosen und Becher aus Langholz ist es trotz allem ratsam, den Rohling mit einem etwa 1,5 bis 2 cm langen Zapfen zu versehen und diesen in ein vorbereitetes Holzfutter zu leimen.

Über das Fertigdrehen des Schalen-bodens von außen und die eventuelle Feinbearbeitung der Sockelpartie habe ich unter dem Kapitel: »Die verschie-denen Methoden des Aufspannens beim Drechseln eines Tellers oder ei-ner Schale« berichtet.

Die Skizze 30 zeigt das Aufspannen der fertiggedrehten Schalenform auf einem auf der Planscheibe befestig-ten Futter. Mit größter Vorsicht wird der Boden mit der schmalen Drehröh-re leicht hohl geformt, Fuß- oder Sok-kelformen werden hier nochmals überdreht und fein geschliffen.

Auf diese Weise ist es möglich, auch die Unterseite von Gefäßen fachge-recht auf der Drechselbank zu bear-beiten.

Becher und Dosen

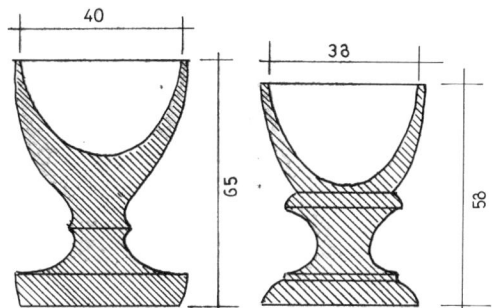

73 Eierbecher: Zwei traditionelle Kelchformen, Schnitte.

74 Zwei traditionelle Formen von Eierbechern aus Ahorn und Kiefer.

Eierbecher

An traditionellen, auch an älteren Modellen läßt sich vielfach die Form eines verkleinerten Kelches erkennen. Eigentlich eine logische Lösung, ein standfestes Gerät mit Fußfläche, die das Kippen des beladenen Bechers verhindert und ein der Eiform angepaßtes Oberteil, eine absolut funktionstüchtige Form. Sie wird auch heute noch in den verschiedensten Variationen ausgeführt.
Es läßt sich vielleicht einwenden, daß es sich bei dieser Becherform mehr um eine aus der Tradition heraus entwickelte Eßgeräteform handelt. Mancher aber kann sich mit einem Eierbecher, der nichts von dieser Kelchform aufweist, absolut nicht befreunden.

Trotzdem wollen wir es wagen, auch nach wenig bekannten Formen zu suchen und uns die Sache mit dem Funktionieren nochmals zu überlegen. Wir suchen nach einem Eierbecher aus Holz, der mein 4-Minuten-Ei aufnehmen kann, so daß es sich »köpfen« und auslöffeln läßt.

Nichts einfacher als das! Man nehme einen Holzklotz, bohre ein Loch, so groß, daß das Ei nicht durchfällt und so tief, daß es auf dem Boden des zylindrischen Loches nicht aufsteht. Dazu ist aber eine Drechselbank kaum notwendig. Zur Not könnte das entstandene Ding sogar funktionieren. Nur mit der Reinigung der ausgebohr-

61

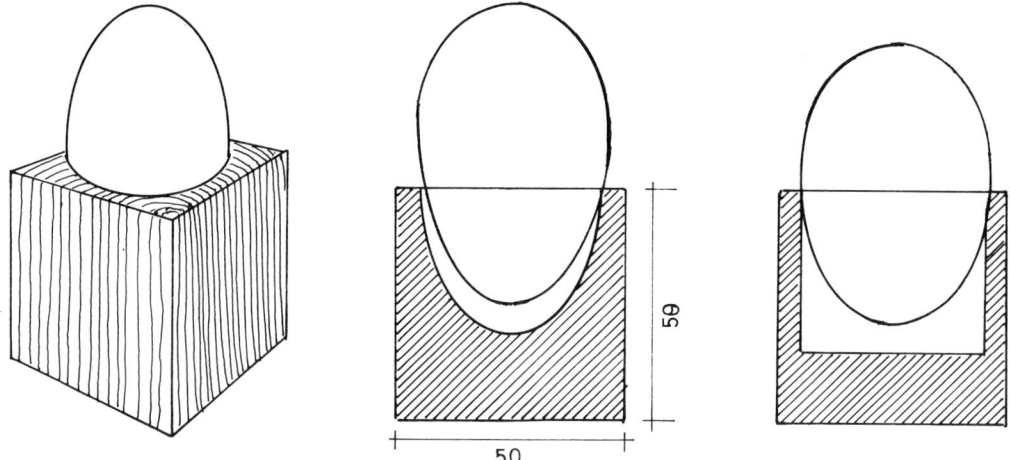

75 Würfelförmiger Eierbecher, einfachste Funktionsform.

76 Eierbecher aus Eibe. Drei verschiedene Formen mit Sockelpartien.

ten Mulde, die ohne Drehbank nicht fein genug bearbeitet werden kann, wird es schwieriger.

Auch der Rohling für einen Eierbecher mit würfelähnlichen Außenflächen wird am einfachsten auf eine Blindholzscheibe geleimt und nachher auf dem Schraubenfutter oder auf der Planscheibe festgeschraubt.

Eine weitere Aufspannmöglichkeit, insbesondere für Eierbecher aus

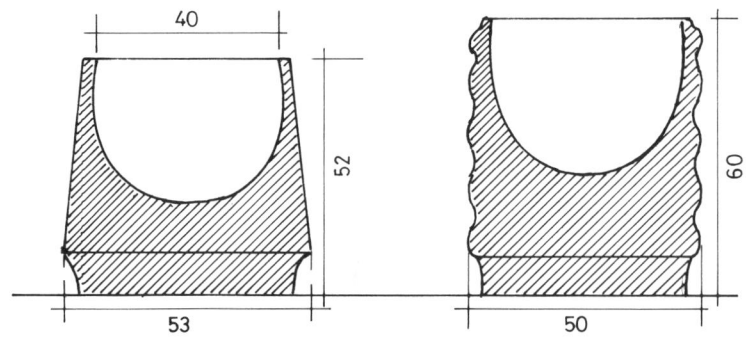

77 Bei der glatten und gewellten Form zeigt sich der schöne Werkstoff Holz ganz besonders.

Längsholz, ist die Verwendung eines Spundfutters. Hier schätzt man besonders die immer wieder verwendbaren Spundfutter aus Eisen oder Leichtmetall.

Der Einschlagzapfen, der vorher zwischen Mitnehmer und Spitze genau auf die Innenmaße des Spundfutters gedreht wird, sitzt in diesem Futter fest.

Der Rohling mit dem angedrehten Spund kann mit Hilfe der Körnerspitze genau ins Zentrum gesetzt werden.

Für die Bechermulde hat sich ein Innendurchmesser von 40 mm, gemessen beim oberen Rand, bewährt. Die Bechermulde darf an der oberen Kante sogar überhängend geformt werden. Die Höhe der ausgedrehten Mulde soll 28 bis 30 mm betragen.

Der Boden der Mulde wird mit der Röhre sauber gedreht oder mit dem geformten Meißel ausgerundet und fein geschliffen.

Vielleicht sind Eierbecher mit einem Ablagerand für Schalenstücke etwas weniger bekannt. Für die vorliegenden Modelle wurde eine 36 bis 50 mm

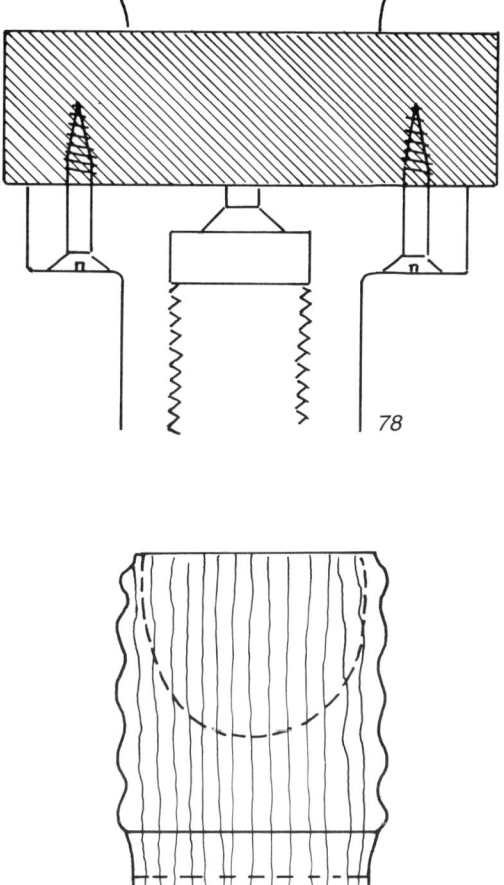

78

78 Rohling (Querholz) für Eierbecher wird auf Blindholzscheibe geleimt. Die Scheibe wird mit 3 bis 4 Holzschrauben auf der kleinen Planscheibe (Schraubenfutter ohne Mitnehmerschraube) festgehalten.

79 Bei Verwendung des gleichen Futters ist es vorteilhaft, dem Becherrohling aus Längsholz einen Spund anzudrehen und diesen in der Blindholzscheibe einzulassen und zu verleimen.

79

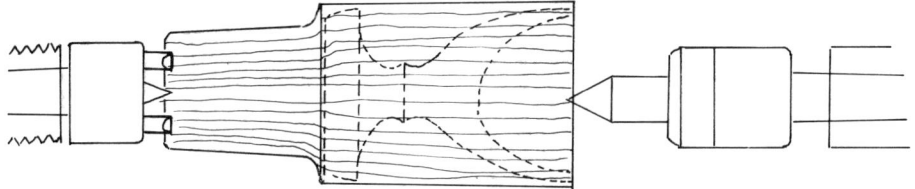

80 Vordrehen, Spundzapfen andrehen, für eine traditionelle Eierbecherform aus Längsholz.

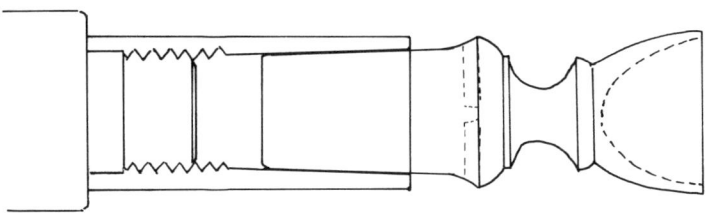

81 Fliegendes Drechseln eines kleinen Eierbechers; Verwendung des eisernen Spundfutters.

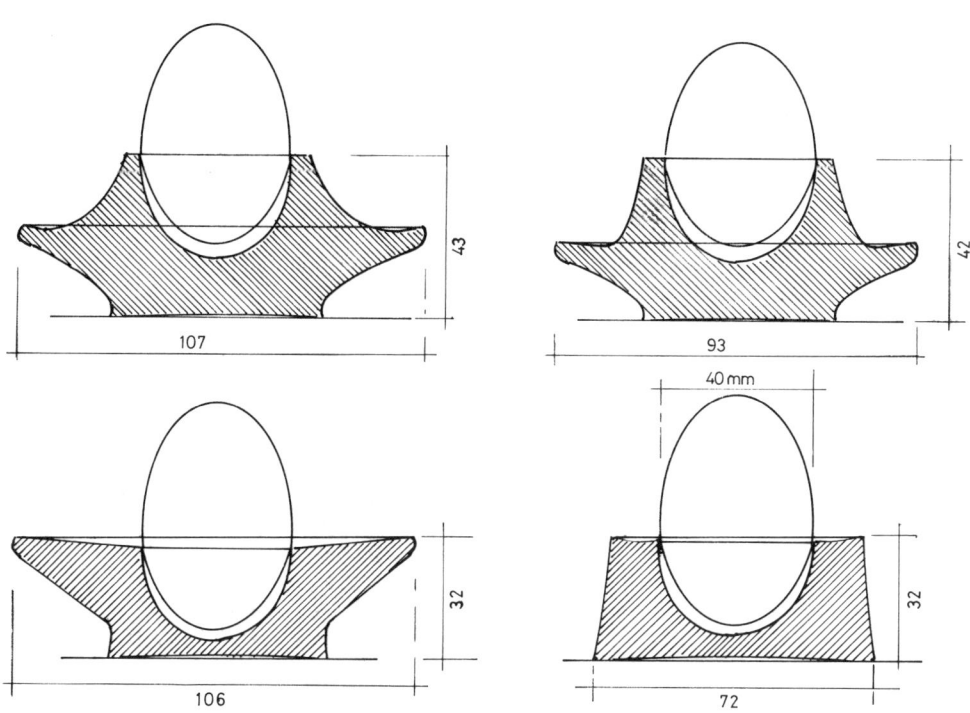

82 Vier mögliche Eierbecherformen mit Ablegerändern, aus Kiefer, Eiche und Esche.

dicke Brettscheibe aus Eschen- oder Kiefernholz verwendet.

Der Rohling wurde auf eine kleine, etwa 30 mm dicke Blindholzscheibe geleimt und so, um die ganze Dicke des vorgesehenen Holzes ausnutzen zu können, auf einem Schraubenfutter oder auf einer kleinen Planscheibe befestigt.

Beim Ausbuchten und Formen geht es um gleiche Anforderungen wie beim Drechseln eines Tellers. Mit einer scharf abgezogenen, mittelbreiten Formröhre, mit einer nicht zu spitz angeschliffenen Fase, läßt sich der Querholzrohling in die gewünschte Form bringen.

Nach Sauberdrehen und Feinschliff kann der Eierteller mit dem Abstechstahl von der Blindholzscheibe weggetrennt werden.

Um auch die Bodenfläche auf der auf dem Tisch aufliegenden Fläche zu bearbeiten, wird das Dreibackenfutter auf die Spindel gesetzt.

Mit den Innenbacken ist die Mulde sorgfältig auszuspannen, die Bodenfläche kann dabei von der rotierenden Körnerspitze mitgehalten werden. So läßt sich, um das Ding standfester zu machen, die Bodenfläche nach innen wölben und die ganze Unterseite nochmals fein überarbeiten.

Eine Lösung zwischen Eierteller und Eierbecher bildet der kleine Untersatz von 73 mm Durchmesser und 30 mm Höhe aus Eschenholz, der trotz eines 14 mm breiten Auffangrandes nur wenig Platz im Geschirrschrank benötigt und sich auch stapeln läßt.

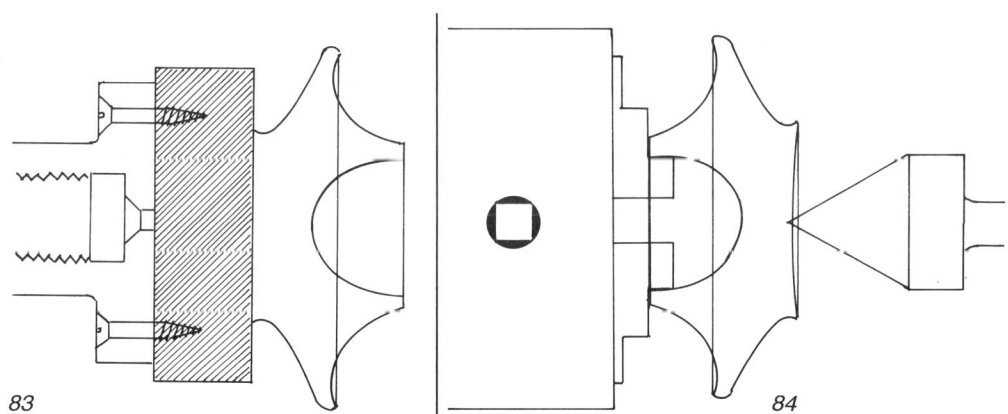

83

84

83   Drechseln von tellerförmigen Eierbehältern (Querholz) auf Blindfutter und kleiner Planscheibe.

84   Sauberdrechseln der Bodenseite. Fertig geformter Eierbecher, aufgespannt auf Dreibackenfutter. Die Innenbacken werden dabei von innen nach außen gespannt. Unterstützung durch die rotierende Spitze.

85   Zwei Eierbecher aus Eschenholz. Versuche mit Randflächen, Ablegerändern.

86   Zwei Eierbecher oder Eierteller aus Kiefer und Eiche.

Becher drechseln

Beim Drechseln von Bechern und Büchsen wird das Holz von der Stirnseite her ausgedreht oder ausgebohrt.

Obwohl bei diesem Vorhaben sehr feine Drechslerarbeiten auszuführen sind, wird eine kleine Tischdrehbank für das Ausdrehen und Ausbohren von höheren Gefäßen nicht mehr ge-

87   Zwei Holzbecher (Trinkgefäße) aus Ulme (Rüster) und Esche.

nügen. Vor allem wird es diesmal der Motor sein, der beim Bohren von hartem Holz bei einem Bohrwerkzeugdurchmesser von 20 bis 60 mm zu streiken beginnt.

Eine harte Anforderung an die Drechselbank trifft auch die Spindel. Sie darf auch bei diesem Vorgehen nicht zu schwach dimensioniert sein und die Qualität der beiden außerordentlich geforderten Lager wird hart auf die Probe gestellt.

Nach meiner Erfahrung stehen Außen- und Innenform des Bechers in so starker Beziehung zueinander, daß beim Entwerfen eines neuen Bechers weder die innere noch die äußere Form gleich auf Anhieb fertig gedrechselt werden kann.

Zu einem zuverlässigen Tast- und Meßinstrument werden dabei plötzlich unsere Finger und Hände. Sie tasten über Außen- und Innenflächen, spüren nach ungewollten Wellen und Verdickungen der Becherwand.

Kein Innentaster, Drechslerzirkel oder Tanzmeister und keine Schieblehre kann diese wunderbaren, menschlichen Werkzeuge ersetzen. Ich wünschte, daß unsere Hände in diesem Sinne beim Drechseln mehr gebraucht würden.

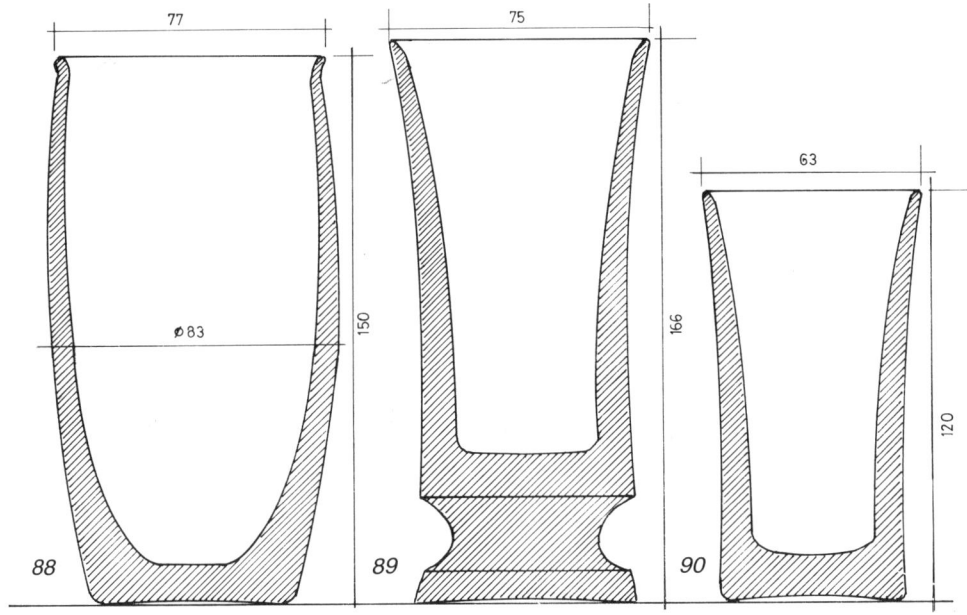

88 Bierbecher aus Eschenholz; dünne Wandung, anspruchsvolle Drechselarbeit.

89 Becher mit Fuß, gute Standfestigkeit, angenehm in der Hand.

90 Kleiner Trinkbecher aus Ulmenholz. Damit die notwendige Standfestigkeit erreicht wird, müssen Becherwand und Boden nach unten etwas dicker gehalten werden.

In der Regel wird die ungefähre Rohform eines Bechers samt Spund zwischen Mitnehmer und Spitze geformt. Je länger beziehungsweise höher Becher oder Büchse sind, desto fester muß die Form im Spundfutter sitzen. Dem richtigen Ausmessen des Innenraumes beim Spundfutter ist besondere Aufmerksamkeit zu schenken.
Beim Einschlagen und Zentrieren des vorgedrehten Rohlings kann man sich leicht nach der Körnung auf der Stirnseite und der auf sie gerichteten Körnerspitze im Reitstock orientieren.

Nach leichtem Überdrehen mit einer etwa 20 mm breiten Formröhre wird der entsprechende Bohrer in die Pinole des Reitstocks gesteckt.
Für das Ausbohren von größeren Löchern habe ich mit den in beliebigen Längen zusammenschraubbaren Zobo-Bohrern außerordentlich gute Resultate erzielt.
Für das Fräsen und Ausgründen von Becher- und Dosenböden werden in der Industrie spezielle Grundfräswerkzeuge eingesetzt, die den Bohrvorgang um ein Wesentliches verkürzen

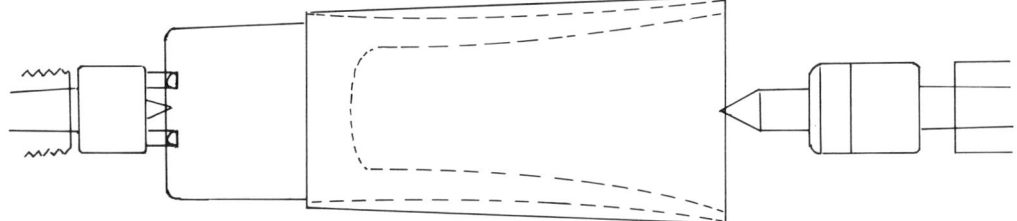

91 Die Rohform des Bechers wird zwischen Dreizack und rotierender Spitze für das Einschlagen in das Spundfutter vorbereitet.

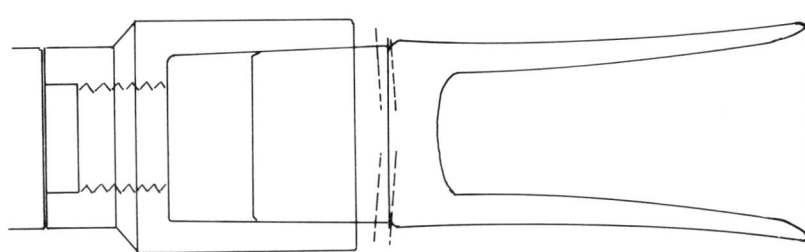

92 Drechseln, Bohren, Feinbearbeitung und Abstechen des im Spundfutter eingespannten Bechers.

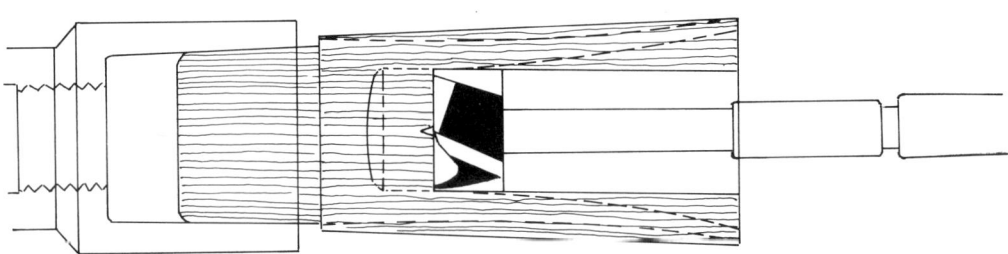

93 Das Ausbohren eines im Spundfutter sitzenden Bechers mit dem Zobo-Bohrer. Zobo-Bohrer verlängert mit Morsekonus 1. Der Bohrer steckt direkt in der Pinole des Reitstockes.

und die Nacharbeit mit einem geraden oder abgerundeten Ausdrehstahl erübrigen.

Die Nacharbeit ist insbesondere bei der Herstellung von Trinkbechern notwendig, weil sich beim bloßen Bohren Einschnitte durch den äußeren Vor-

schneider und der Einstich der Führungsspitze im harten Stirnholz des Gefäßbodens ergeben. Diese Werkzeugspuren des Bohrers würden das Sauberhalten des Bechers unnötig erschweren.

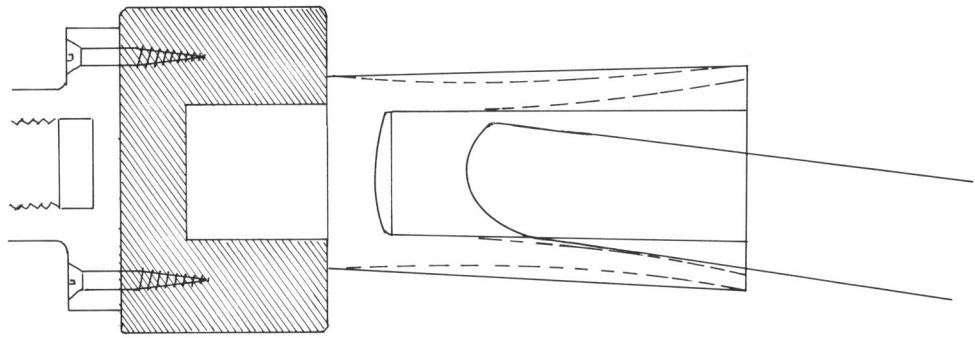

94 Die Funktion des Ausdrehstahls beim Ausdrehen der Becher-Innenform. Der angedrehte zylindrische Spundzapfen wurde fest in das hölzerne Futter geleimt.

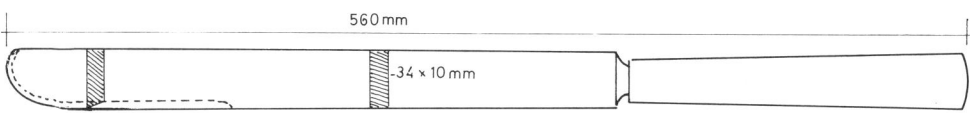

95 Der aus einer schweren Schlosserfeile mit rechteckigem Querschnitt hergestellte Ausdrehstahl hat eine totale Länge von 56 cm. Das Ausdrehen des Bechergrundes erfordert ein außergewöhnlich starkes Werkzeug.

Das Ausdrehen und auch das Nachdrechseln muß solange betrieben werden, bis unser Auge und unsere Finger keine störenden Einzelheiten mehr entdecken.

Das allerdings ist viel leichter gesagt als getan, wenn man weiß, wie schwer es ist, den wuchtigen Ausdrehstahl über den Boden eines tiefen Gefäßes zu führen, bis alle Spuren des Bohrers verschwunden sind. Der starke, lange Stahl macht sich in der Höhlung hier und da selbständig, wenn keine Auflage in die Tiefe vorgeschoben und der Hebelarm von der Schneide bis zur Handauflage zu lang wird.

Mit einem im Kreuzsupport eingespannten, mechanisch in zwei Richtungen schiebbaren Ausdrehstahl würden wir um diesen aufregenden Kraftakt gebracht.

Auf eine Besonderheit beim Trinkbecher möchte ich hinweisen. Aus einem scharfkantigen, dickwandigen Holzgefäß zu trinken, ist fast unangenehm. Es müßte eher eine dünne Becherwand sein, die wir an die Lippen setzen möchten. Ähnlich den Bierbechern aus Glas, deren obere Kanten nach dem Horizontalschnitt auf gleicher Höhe nochmals kurz angeschmolzen werden. Dieser Schmelz-

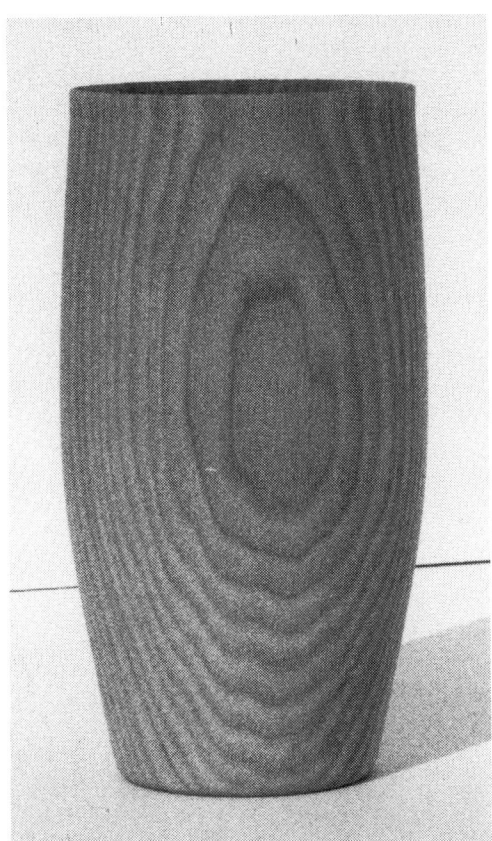

96 *Hoher Bierbecher aus Eschenholz.*

dickung der Kante des Holzbechers wird etwas stärker ausfallen, als die, die wir beim gläsernen Bierbecher beobachten.

Nadeletuis

Bei der Herstellung eines Stricknadeletuis stellen sich ähnliche Probleme wie beim Trinkbecher mit der zusätzlichen Aufgabe, den passenden Deckel mitzuformen und auszubohren.

vorgang bewirkt, daß aus der scharfen Schnittkante eine leicht nach außen fallende, im Querschnitt fast hakenförmige Rundung entsteht.
Wenn der Trinkende den Becher nun an seine Lippen führt, empfindet er diese leichte Wölbung nach außen und die feine Rundung der Kante als angenehm.
Natürlich hat sich die Feinbearbeitung der Kante nach der Beschaffenheit des Werkstoffes zu richten. Die Rundung und kaum bemerkenswerte Ver-

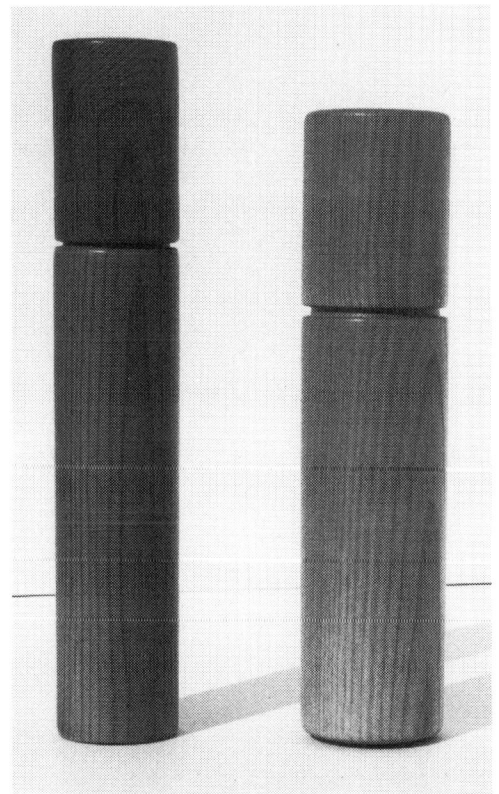

97 *Zwei Stricknadelbüchsen oder Etuis für normale Stricknadeln aus Föhre und Esche.*

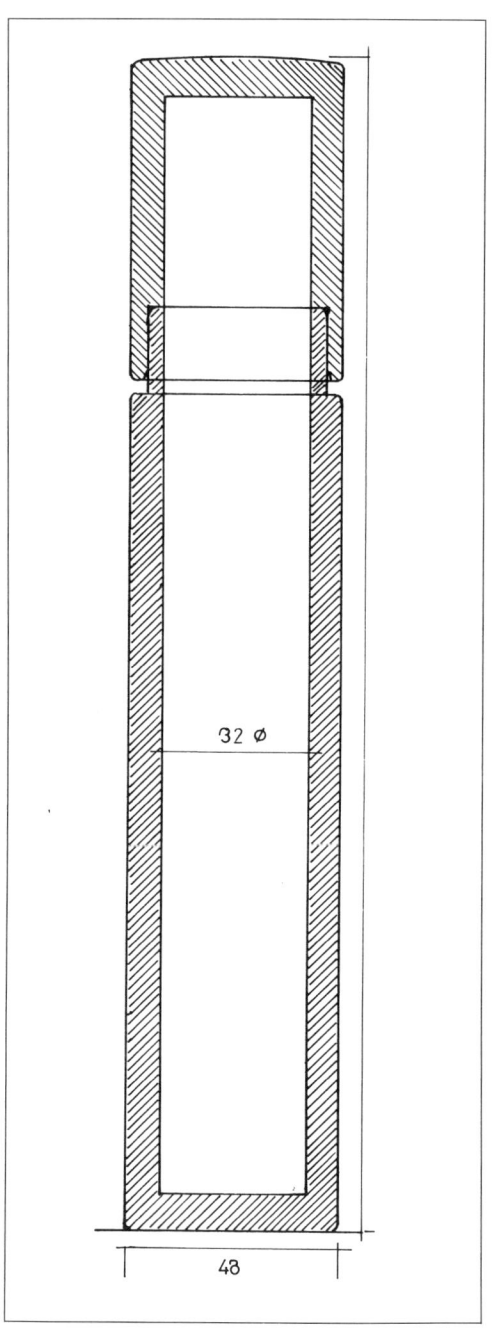

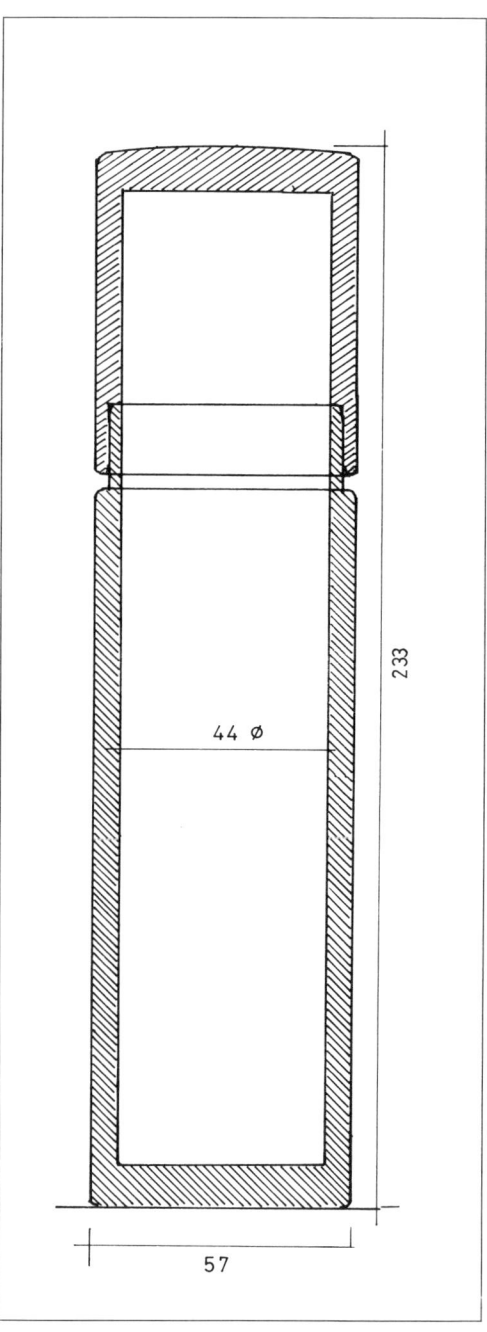

98 Stricknadeletui aus Föhrenholz mit überfälztem Deckel, natur lackiert.

99 Stricknadeletui aus Eschenholz mit überfälztem Deckel. Starke, widerstandsfähige Konstruktion.

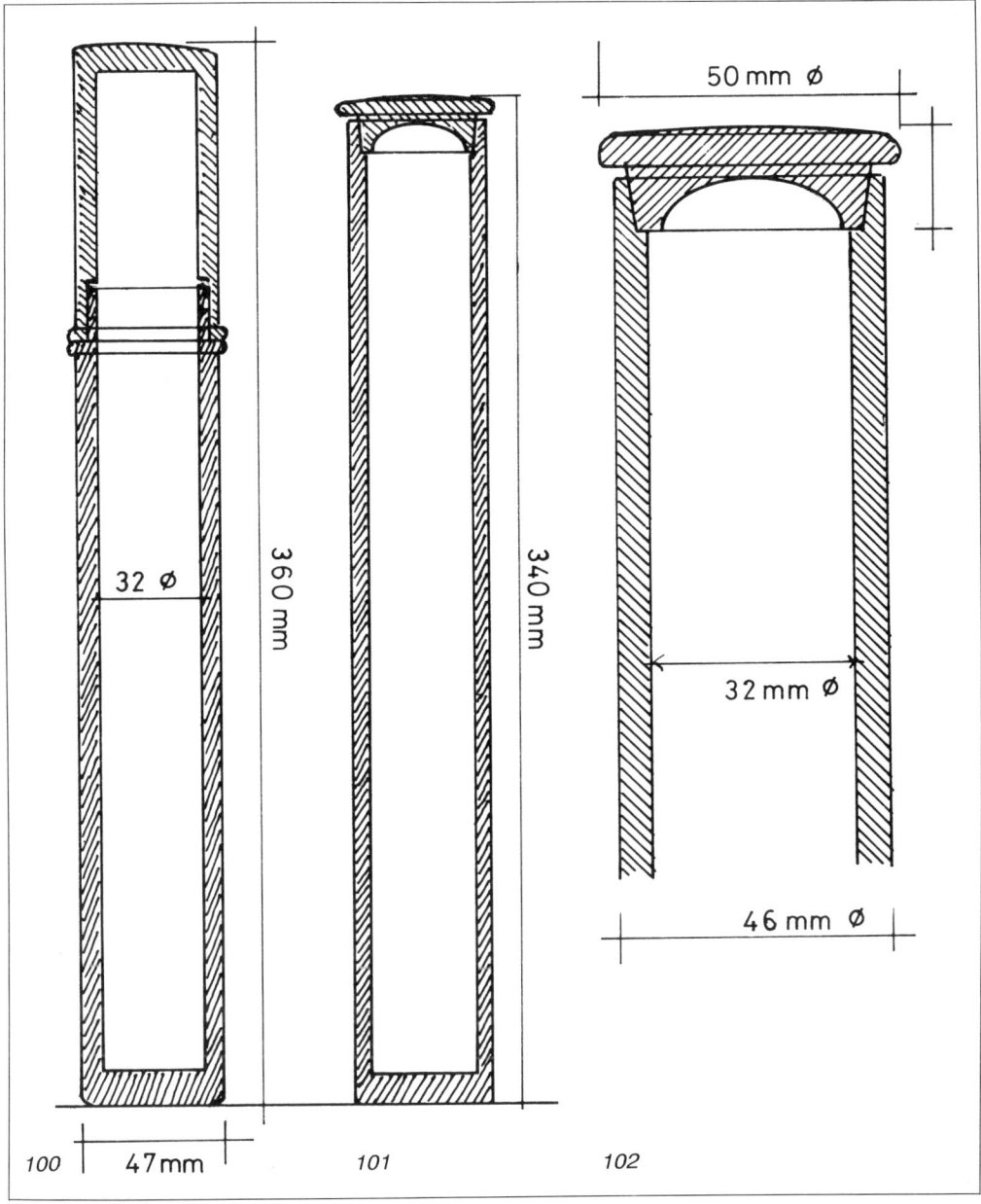

50 mm ⌀

360 mm

340 mm

32 ⌀

32 mm ⌀

46 mm ⌀

100

47 mm

101

102

100   Nadeletuis für lange Stricknadeln aus Eschenholz, 360 mm hoch. Verschluß mit Überfälzung.
Außen je eine Rippe an Ober- und Unterteil (Maßstab 1:2).

101   Nadeletuis für Stricknadeln mit Zapfenverschluß; Föhrenholz (Maßstab 1:2).

102   Detail dieses Verschlusses in natürlicher Größe.

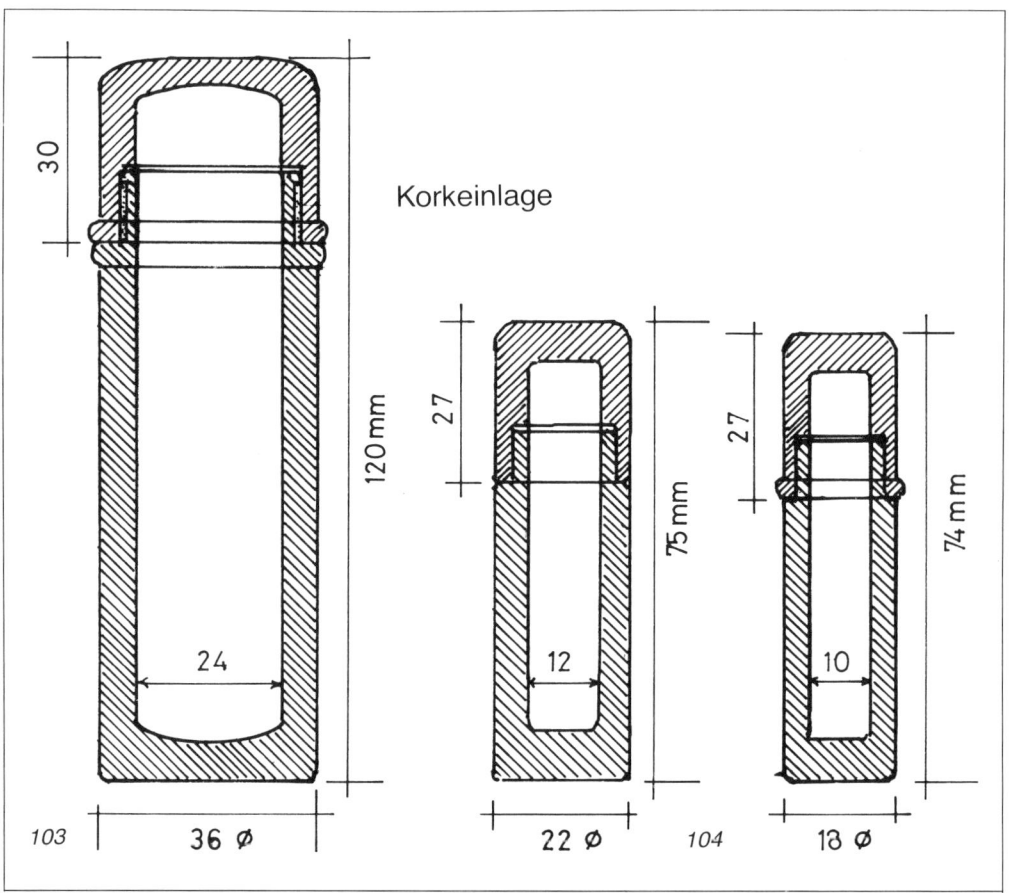

Korkeinlage

103 Nadelbüchse aus Rosenholz. Korkeinlage 10 × 2 mm am Halse des Unterteiles.

104 Kleine Nadelbüchsen aus Makassar- und Gabun-Ebenholz.

Ob wir ein Etui für Nähnadeln von 40 mm Länge oder für Stricknadeln von 320 mm Länge drechseln, die Technik bleibt dieselbe.

Fürs erste nehmen wir uns die Außenform der Nadelbüchse vor.

Der Rohling für die Büchsenform wird zwischen Vierzackmitnehmer gespannt und zylindrisch geformt.

Beim Zurichten und Vorbereiten des Materials sind folgende Zugaben zu den gegebenen Maßen miteinzubeziehen:

50 mm für Spund und Abstich plus 12 mm Bodendicke plus 25 mm für Überfälzung und Durchschneiden plus 15 mm für Deckeldicke und Abstich plus 320 mm Stricknadellänge = 407 mm totale Holzlänge (320 mm + 87 mm).

Die Maße ergeben zusammen die Länge des Rohlings, den wir anfangs zwischen Mitnehmer und Spitze in die geplante Form gebracht haben.

Für kleine Nähnadelbüchsen aus wertvollem Holz kann die Zugabe reduziert werden.

Da sich für das Ausbohren und Fertigdrehen der Form auch das Dreibakkenfutter oder ein dafür vorbereitetes kleines Holzspundfutter verwenden läßt, erübrigt sich der angedrehte Zapfen.

Für die Überfälzung muß nach meiner Erfahrung beim unteren Teil ein Hals von mindestens 8 mm Höhe angedreht werden. Wenn für das Durchstechen ein 3 mm breiter Abstechstahl benutzt wird, ist eine Zugabe von etwa 12 mm vorzusehen. Es zeigt sich, daß der nur über einen kurzen Hals gefälzte Deckel auf die Dauer nicht mehr richtig sitzt. Hier kann ein im Hals eingelassenes, feines Korkstreifchen Wunder wirken. Der über den unteren Teil gefälzte Deckel sitzt nun wieder fest.

Lange Büchsen können nur dann fliegend fertiggedrechselt und gebohrt werden, wenn sie fest im eisernen Spundfutter sitzen.

Ein Spundfutter mit einer Öffnung von etwa 50 mm wird uns da ganz besondere Dienste leisten. Wird ein hölzernes Spundfutter verwendet, würde ich empfehlen, den Spund vor dem Einschlagen mit Leim zu bestreichen und den Rohling während des Eintreibens genau zentrisch auszurichten. Nach dem Abstechen des fertiggedrehten und gebohrten Teils läßt sich der festgeleimte Spundzapfen wieder herausdrehen, das Futter kann weiter benutzt werden.

105 *Stricknadeletuis für lange Stricknadeln aus Kiefer. Flacher Deckel mit angedrehtem Zapfen.*

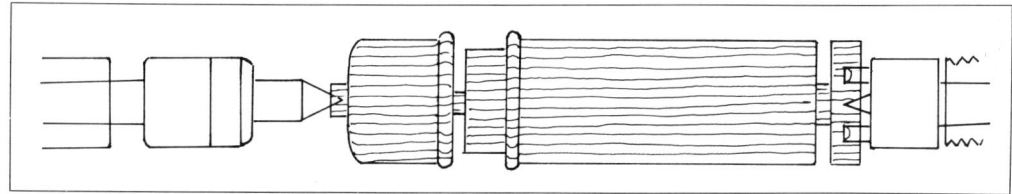

106 Nadelbüchse aus Rosenholz. Drehen der Außenform zwischen Mitnehmer und Spitze. Zu beachten sind dabei die entsprechenden Zugaben: Für das Abstechen oben und unten, für die Überfälzung und für das Durchtrennen von Deckel und Unterteil.

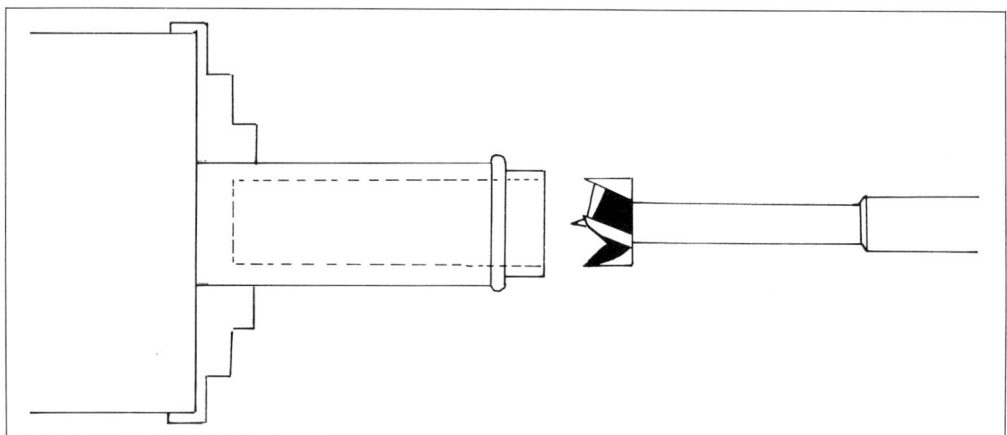

107 Ausbohren der Nadelbüchse mit dem Zobo-Bohrer. Der Bohrer wir dabei um den zur Garnitur gehörenden Morsekonus verlängert und in die Pinole des Spitzenstockes gesteckt.

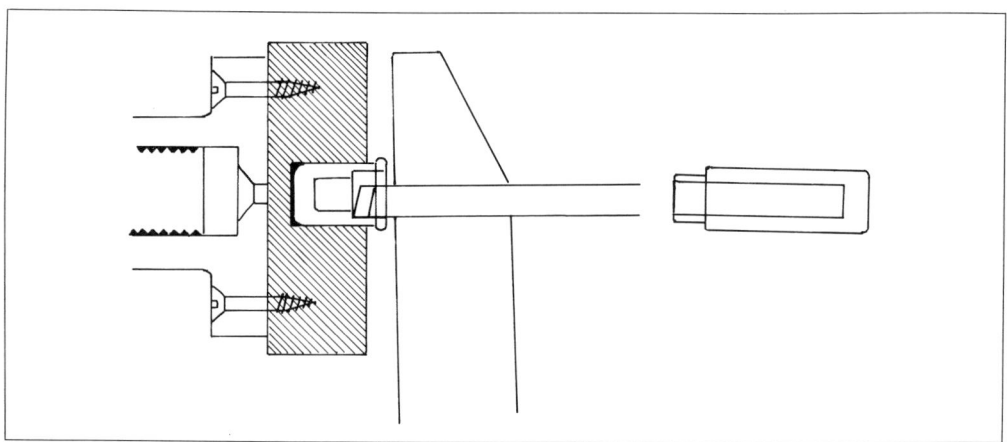

108 Drehen eines Innenfalzes am Deckel der kleinen Nadelbüchse aus Ebenholz mit dem Flachmeißel. Der außen fertig gedrehte Deckel wird dazu in ein Holzfutter oder in das Dreibackenfutter gesteckt.

Beim Drechseln der Außenform ist darauf zu achten, daß vorgesehene Rippen am Deckel, eventuell auch am unteren Teil, bereits vor der Abtrennung des Deckels angedreht werden. Der im Spundfutter sitzende Unterteil wird nochmals genau zentriert, damit die Spitze des Zobo-Bohrers auch wirklich exakt durch die Drehachse läuft.

Der Zobo-Bohrer mit seinen Verlängerungen steckt entweder in einem, in die Pinole des Reitstockes eingeführten Bohrfutter, oder er wird mit dem zur Zobo-Garnitur gehörenden Morsekonus verbunden.

Für das Ausbohren wählen wir die kleinste Tourenzahl, damit sich das Bohrwerkzeug nicht zu stark erhitzt.

Um keine Überraschungen zu erleben, ist es auch notwendig, die Bohrtiefe auf dem Verlängerungsschaft mit Filzstift oder mit einem Klebstreifen zu bezeichnen. Die Bohrspäne sind nach 5 cm Bohrtiefe immer wieder zu entleeren.

Selbstverständlich funktionieren auch Schlangenbohrer von verschiedener Länge und Bohrdimension, die in die Pinole des Reitstockes zu spannen sind. Wie schon erwähnt, läßt sich bei dieser Bohrarbeit auch der Drechslerbohrer einsetzen. Er wird von Hand eingeführt.

Der Deckel des Stricknadeletuis ist entweder in das Drei- oder Vierbackenfutter oder aber in ein passend hergerichtetes Holzspundfutter zu spannen. Der zentrisch eingesetzte Deckel wird mit dem gleichen Bohrer ausgehöhlt.

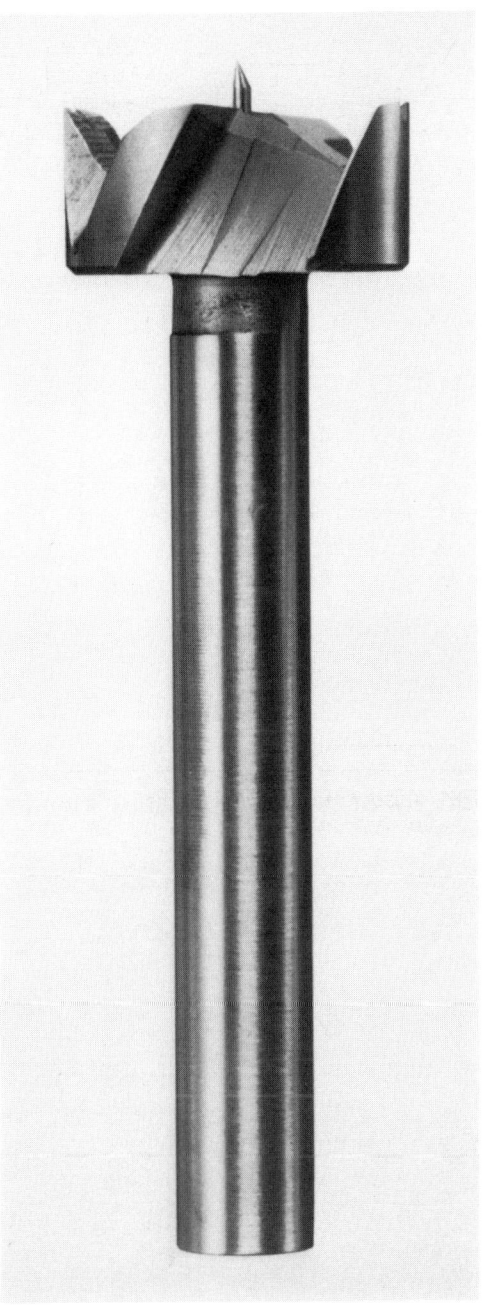

109 Zobo-Bohrer in Durchmessern von 10 bis 100 mm in jeder Millimetergröße erhältlich (Egli, Fischer Zürich).

77

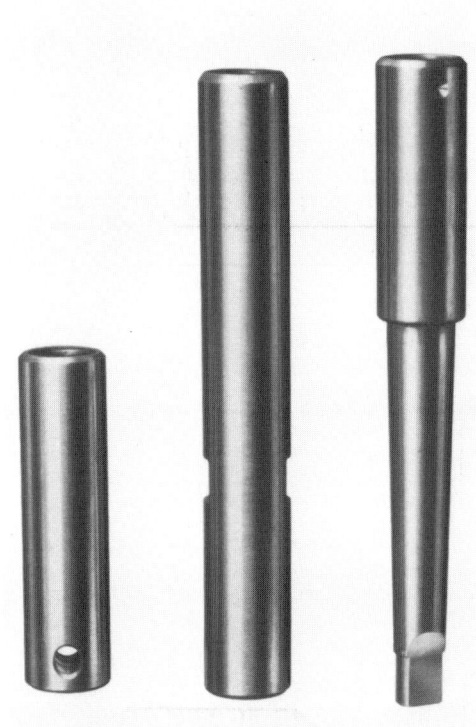

110 *Verlängerungen, Morsekonus 1 zu den Zobo-Bohrern.*

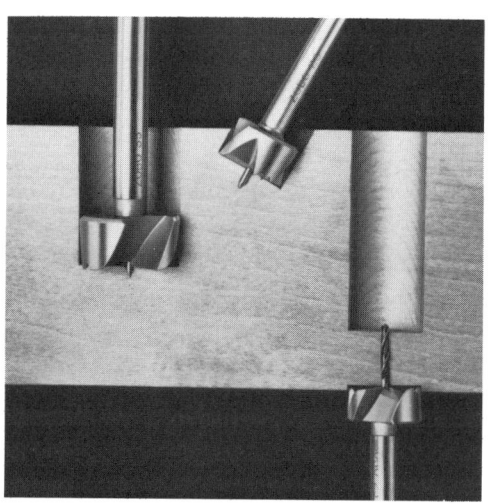

111 *Anwendungsmöglichkeiten des Zobo-Bohrers.*

Mit einem kleinen Flachmeißel wird der Innenfalz geschnitten, dabei wird der untere Teil des bereits angebohrten Behälters immer wieder angepaßt. Am Innenfalz des Deckels ist nun solange nachzudrehen, bis sich der Hals des unteren Teils in den auf der Innenseite ausgehobenen Falz des Oberteils schieben läßt.

Das Ineinanderpassen von Deckel und Unterteil ist, wie bereits erwähnt, nicht ohne Probleme, darum wird der Drechsler die Aussparung für das ausgleichende Korkband bereits beim Andrehen des Halses vornehmen. Die Korkeinlage läßt sich leicht drücken und paßt sich den Veränderungen des Holzes an.

Der Deckel des röhrenförmigen Stricknadelbehälters könnte anstelle einer Hülse in gleicher Rohrdimension auch in einem gedrechselten Zapfen bestehen.

Der Zapfen wird zuerst zwischen Mitnehmer und Spitze in Form gebracht. Ein kurzer Spund erlaubt uns später, die nach unten gerichtete Seite fertig zu drechseln.

Um auch die obere Seite bearbeiten zu können, sie könnte eventuell noch mit feinen Kerben verziert werden, wird der Zapfen nochmals auf unser Dreibackenfutter gesetzt und mit Hilfe der nach außen zu spannenden Innenspannbacken festgehalten.

Vielleicht mag es so aussehen, daß meine Darstellung über das Vorgehen bei der Herstellung der einzelnen Gegenstände, wie das Umspannen von Werkstücken, die Herstellung von Futtern, das Wechseln von Einspannvor-

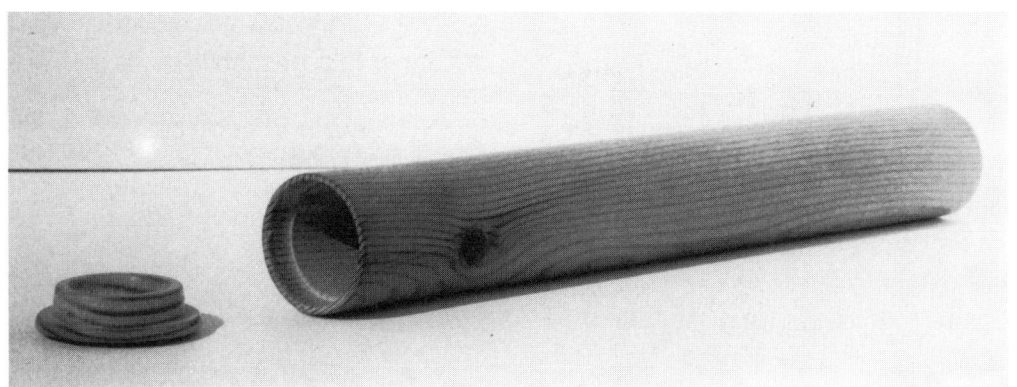

112   Langes Stricknadeletui mit Zapfendeckel aus Föhrenholz.

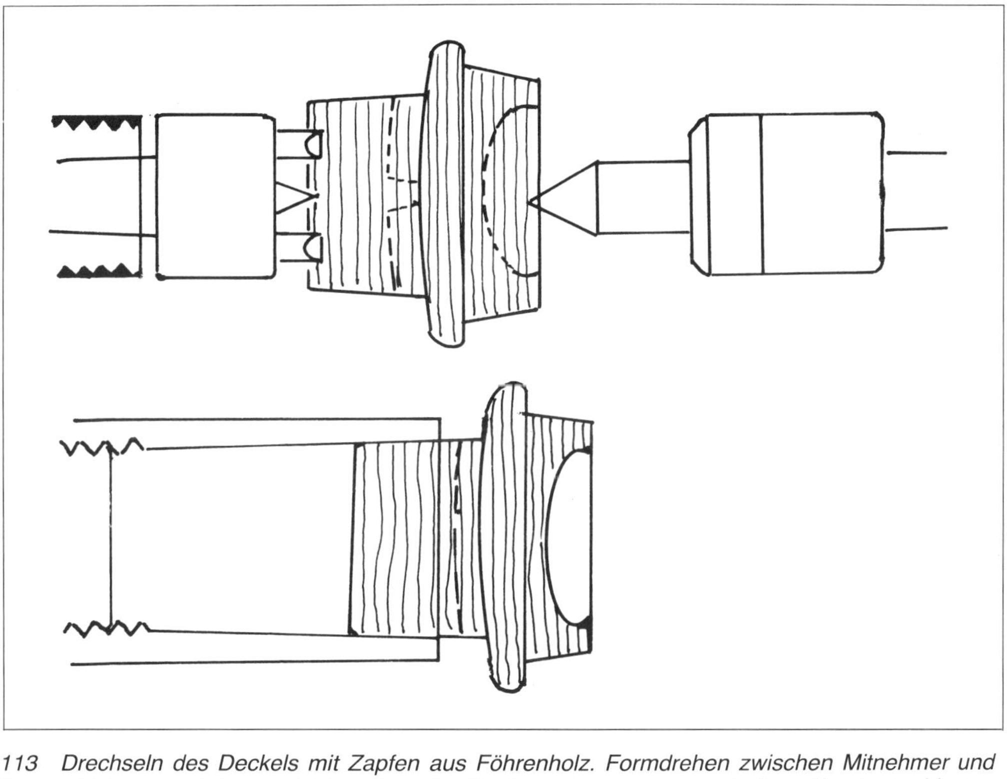

113   Drechseln des Deckels mit Zapfen aus Föhrenholz. Formdrehen zwischen Mitnehmer und Spitze. Unten: Ausdrehen und Abstechen des Deckels. Er wird dazu in ein Spundfutter geschlagen.

Ich denke hier an die vorhin besprochenen Stricknadelbehälter und Nähnadeldöschen, bei denen die Bearbeitung auf der Drechselbank bis zur Oberflächenbehandlung mit einem seidenglänzenden Oberflächenschutz durchgezogen werden kann.

Pfeffermühlen

Über die Größe einer Pfeffermühle läßt sich diskutieren. Wenn in Restaurants Pfeffermühlen von 30 bis 80 cm

114 *Nähnadeldöschen aus Rosen- und Ebenholz.*

richtungen, etwas kompliziert und umständlich ist. Vielleicht besteht die Ansicht, daß sich für einen letzten feinen Schliff der Gegenstand in der Hand bearbeiten läßt und demnach nicht mehr einzuspannen wäre.

Unter Fachleuten gilt aber eine solche Nacharbeit von Hand, wenn sie auf der Drechselbank besser und exakter ausgeführt werden könnte, als nicht sachgemäß. Ganz abgesehen von den realen Gestehungskosten, die dem zünftigen Drechslermeister immer und überall vor Augen sind, es ist auch ein gesunder Handwerkerstolz, einem gedrechselten Gegenstand die letzten Feinheiten auch auf der Drechselbank zu geben.

115 *Pfeffermühlen mit eingedrehten Kerben, links Eschenholz, rechts Ulmenholz (Rüster).*

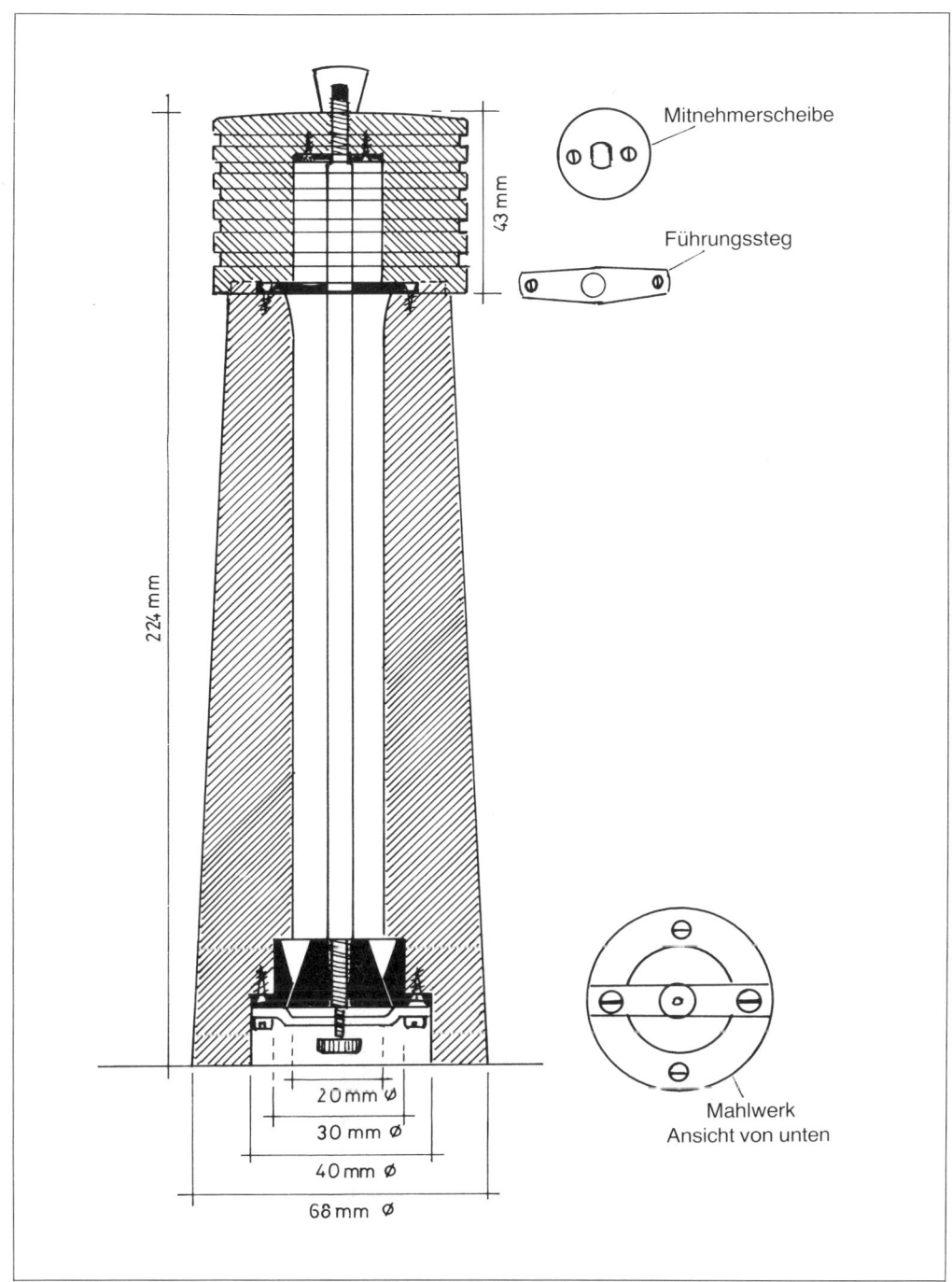

Mitnehmerscheibe

Führungssteg

43 mm

224 mm

20 mm ⌀
30 mm ⌀
40 mm ⌀
68 mm ⌀

Mahlwerk
Ansicht von unten

116   Detailzeichnung zu Pfeffermühle aus Ulmenholz mit eingebautem Mahlwerk.

Höhe stehen, wird es schwieriger sein, solche Stücke »als Andenken« unauffällig in irgendeiner Tasche verschwinden zu lassen und heimlich wegzubringen.

Daß solch ein großes Ding für den Gebrauch auch wirklich praktisch ist, da bin ich nicht so sicher. Fürs erste kippt die lange Stange leicht über Teller und Gläser, und zum zweiten ist das Mahlen und Streuen mit diesem schweren Holz außerordentlich mühsam.

Für den Hausgebrauch werden es kleinere Geräte sein, die kaum höher als 25 cm sind, eine gute Standfläche besitzen und nicht zu leicht gebaut werden dürfen.

Bei einer zu kleinen Mühle müssen immer wieder ganze Körner nachgefüllt werden. Ein anderes Problem besteht in der Beschaffung von Mahlwerken. Es ist zu erfragen, welche Größen, welche Systeme und Ausführungen vorrätig sind oder hergestellt werden. Sicher lassen sich überall Lieferanten finden, die auch zum Verkauf von einzelnen Mahlwerken bereit sind.

Für die beiden abgebildeten Modelle wurde ein Mahlwerk von etwa 22 cm Länge verwendet. Unter- und Oberteil der Mühle können bei diesem System, mit entsprechenden Zugaben, mitein-

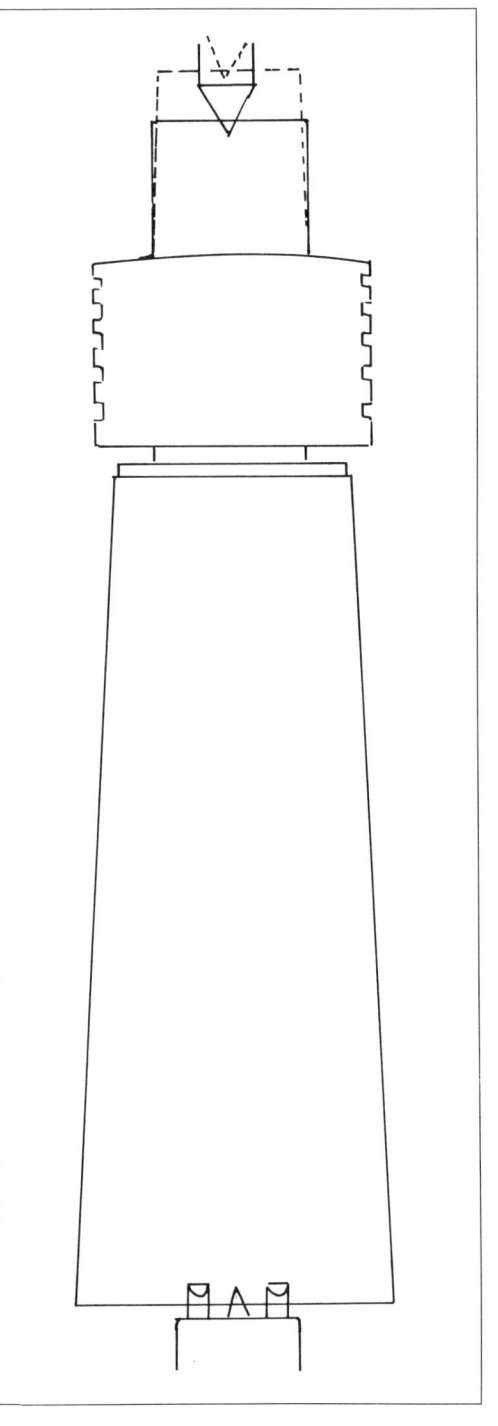

117 Formgebung der Pfeffermühle mit Deckel zwischen Dreizack und rotierender Spitze. Der Spund für ein Eisenspundfutter, ein Holzspundfutter oder einen Einspannzapfen für das Dreibackenfutter ist auf der oberen Stirnseite vorgesehen.

ander geformt, und nach dem Bohren in ein Ober- und Unterteil aufgetrennt werden.

Wie die Zeichnungen 117 und 118 zeigen, ist es vorteilhaft, den Einschlagzapfen oder die Einspannverlängerung auf die obere Seite der Mühle zu nehmen, damit möglichst viele Bohrarbeiten ohne mehrfaches Umspannen (Umdrehen) des Drehteils möglich sind.

Die fertig geformten Ober- und Unterteile können, wenn notwendig, für eine letzte Feinbearbeitung mit Hilfe des Dreibackenfutters und der rotierenden Körnerspitze nochmals aufgespannt werden. Das Stoßen der Zierrillen geschieht mit einem mit stumpfer Fase angeschliffenen Abstechstahl oder Profimesser. Meinen dünnen Abstechstahl, den ich gern für diese Arbeit benutzte, habe ich mir selber aus einem alten, ausgedienten Streifenhobelmesser geformt. Auf der oberen Schmalkante schliff ich auf der Schmirgelscheibe eine leichte Hohlkehle, so daß die beiden Eckkanten zu scharfen Schneiden wurden.

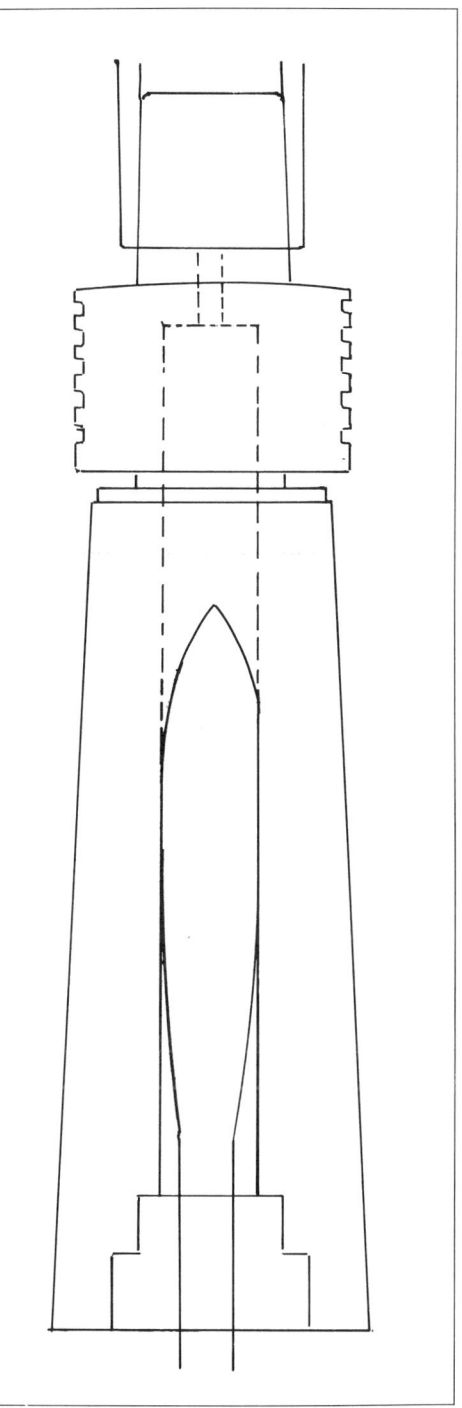

118 Die Ausbohrung für das Mahlwerk wird von der Bodenseite her vorgenommen, die stufenweise Bohrung 40, 30, 20 mm Durchmesser erfolgt in dieser Reihenfolge mit Bohrwerkzeugen, die im Reitstock eingespannt werden. Für das lange Bohrloch in der Richtung der Drehachse verwenden wir den langen, von Hand einzuführenden Drechslerbohrer, 20 mm ⌀. Anstelle des Drechslerbohrers kann auch ein langer Schlangenbohrer oder die Zobo-Garnitur benutzt werden.

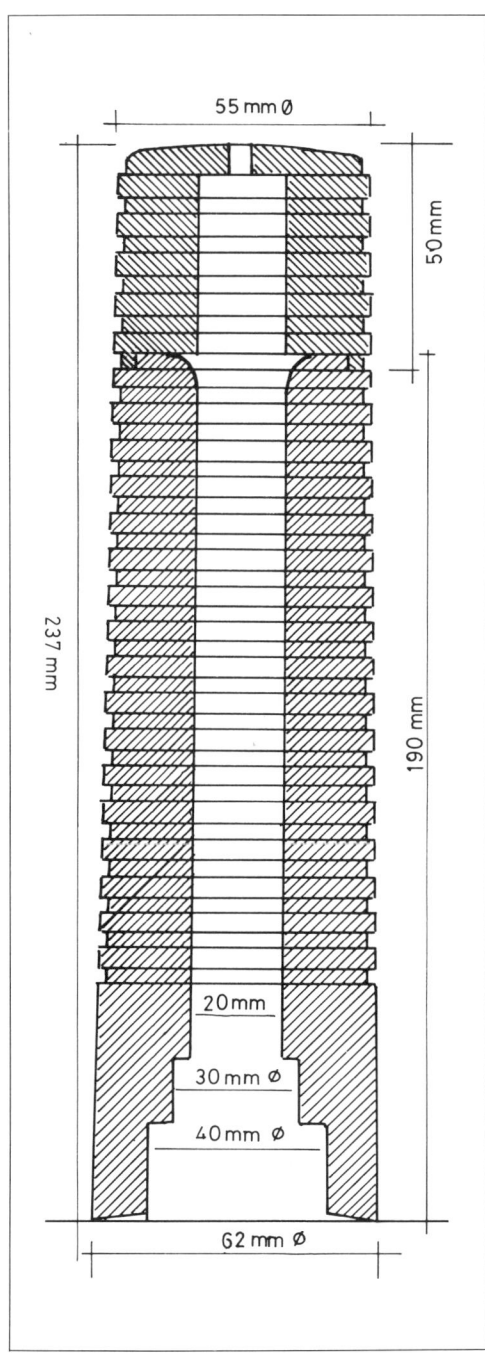

55 mm Ø

50 mm

237 mm

190 mm

20 mm

30 mm Ø

40 mm Ø

62 mm Ø

119 Detailzeichnung zu Pfeffermühle aus Eschenholz.

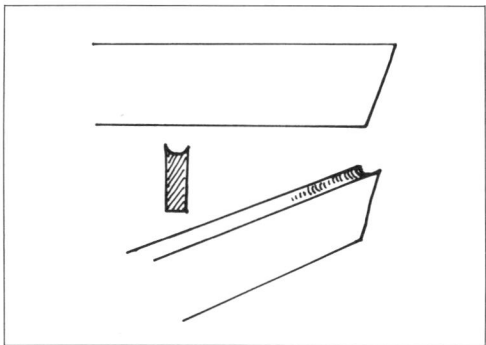

120 Abstechstahl, aus einem Stück Streifenhobelmesser hergestellt. Holzkehle auf der oberen Kante des Stahls. Die beiden Eckkanten werden zu scharfen Schneiden.

Wer keine verbrauchten Streifenhobelmesser zur Verfügung hat, nimmt am besten eine abgenutzte Flachfeile, nicht zu kurz und mit entsprechendem Querschnitt. Der Feilenhieb ist vorne wegzuschleifen. Bei dieser Werkzeugherstellung ist ganz besonders zu beachten, daß sich die Stähle beim Schleifen nicht allzu sehr erhitzen und blau werden.

Es ist beim Schleifen und Schmirgeln wichtig, daß die Schleifscheiben keine feine Körnung aufweisen und daß die Stähle nicht allzu hart auf die drehende Scheibe gedrückt werden.

Nachdem die fertiggedrehten Teile sauber geschliffen sind und das Mahlwerk eingepaßt ist, können Unter- und Oberteil auf ihren Außenseiten mit einem geeigneten Zweischichtenlack überzogen werden. Nach etwa zwei Stunden Wartezeit wird die getrocknete Lackschicht mit feiner Stahlwatte leicht überschliffen.

Rillen, stilvolle Profilierung der Außenseiten oder glatte Flächen, auf denen die Zeichnung des Holzes zu voller Geltung gelangt?

Wir könnten an dieser Stelle sehr ausgiebig über schöne, weniger schöne, über zweckentsprechende und weniger sinnvolle Formen einer Pfeffermühle diskutieren.

Ein solches Gespräch wird aber nur dann zu einem Gewinn, wenn eine Reihe von verschiedensten Formen miteinander verglichen werden kann. Funktionen und Formen sind nicht nach gut oder schlecht, sondern auf ihre Bedeutung in der Reihe verschiedener Lösungsmöglichkeiten zu untersuchen.

Möglichkeiten beim Gestalten einer Dose

Bei der Herstellung einer Dose sehe ich die Ausführung aus Längsholz für höhere Gefäße und die Bearbeitung von Querholz für niedrige Dosen und Büchsen.

Eine Dose zu drechseln, scheint mir eine der schönsten Holzarbeiten überhaupt zu sein. Eine überaus befriedigende Sache, wenn sich Unterteil und Deckel zu einem abgeschlossenen Ganzen zusammenfügen lassen.

Allerdings werden Enttäuschungen, die infolge des Wachsens und Schwindens auftreten, kaum in allen Fällen zu umgehen sein.

Bei großen Dosen oder Büchsen ist ein längeres »Nachtrocknen lassen« der vorgedrehten Formen sehr zu empfehlen, trotzdem werden uns die leicht gebogenen und nicht mehr ganz

kreisrunden Deckel und Unterteile noch einiges zu schaffen machen.

Es gibt unter den verschiedenen Verschlußsystemen solche, die mehr, andere die weniger anfällig auf das Arbeiten des Holzes reagieren.

Kleinere Differenzen bei überfälzten Verschlüssen lassen sich durch den bereits erwähnten Einbau eines feinen Korkstreifens wieder ausgleichen.

Sehen wir uns also verschiedene Konstruktionen, Größen und Verschlußsysteme an:

Wie beim Drechseln vorzugehen ist, zeigen die Zeichnungen.

Sowohl bei Quer- wie bei Längsholz werden Unterteil und Deckel meist aus dem gleichen Klotz geformt. Dabei geht ein kleiner Zwischenstreifen des Holzbildes verloren, nämlich die Höhe des Holzes am unteren Teil, dazu die Holzschicht, die für das Durchschneiden mit dem Abziehstahl wegfällt.

Außer der Lackierarbeit kann praktisch jeder Arbeitsgang auf der Drechselbank ausgeführt werden, eine Nacharbeit von Hand ist nur dann angezeigt, wenn Risse im kostbaren Edelholz ausgeleimt oder schadhafte Stellen ausgekittet werden müssen.

Bei Dosen von 10 bis 20 cm Durchmesser macht sich die Schwundtendenz des Holzes so stark bemerkbar, daß Deckel und Unterteil nur in gleicher Holzrichtung aufeinander passen. Trotzdem hat das auf der senkrechten Falzkante eingelassene Korkstreifen auch hier eine wichtige Funktion. Die beiden Teile gleiten so nicht leicht auseinander.

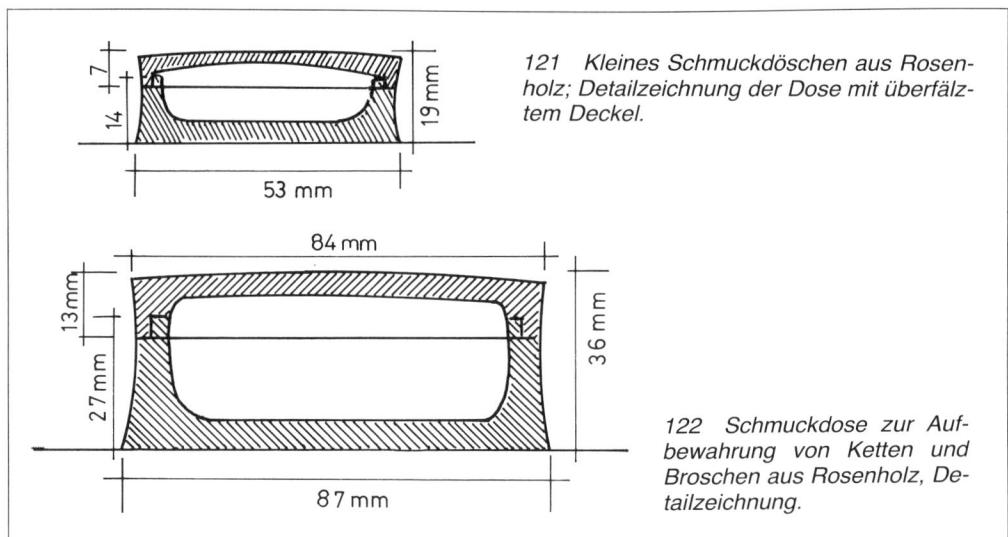

121 Kleines Schmuckdöschen aus Rosenholz; Detailzeichnung der Dose mit überfälztem Deckel.

122 Schmuckdose zur Aufbewahrung von Ketten und Broschen aus Rosenholz, Detailzeichnung.

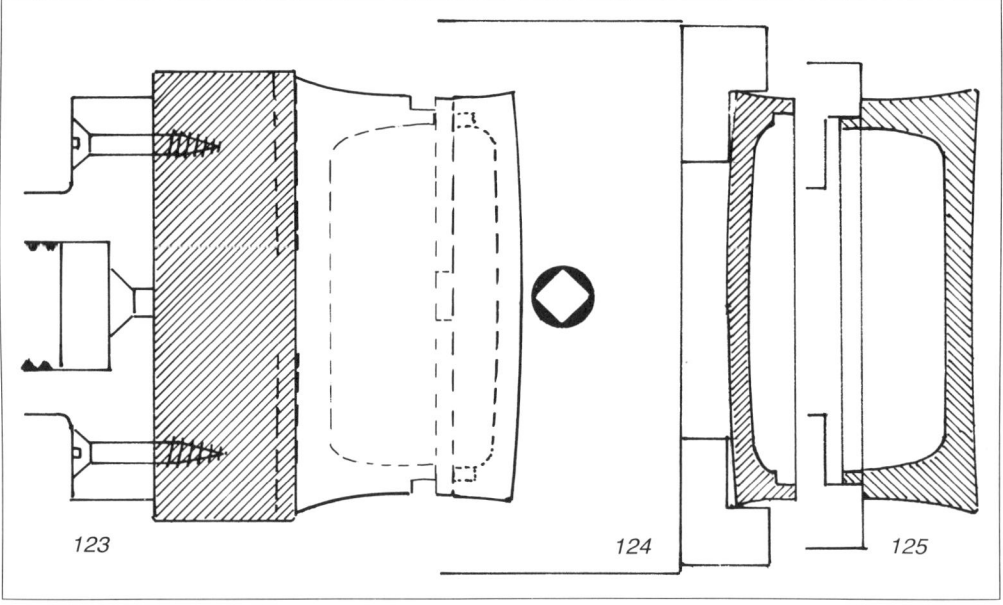

123 Aufleimen des Holzes auf Blindholzscheibe. Befestigung auf kleiner Planscheibe. Drechseln der Außenform. Abstechen des Deckels. Ausdrehen des Unterteils, innen.

124 Ausdrehen des Deckels auf der Innenseite, Fälzen, Anpassung auf das Unterteil. Während dieser Vorgänge wird der Deckel mit den Außenspannbacken des Dreibackenfutters festgehalten.

125 Sauber- und leicht hohl drehen auf der Bodenseite der Dose. Eingespannt in den Außenspannbacken des Dreibackenfutters.

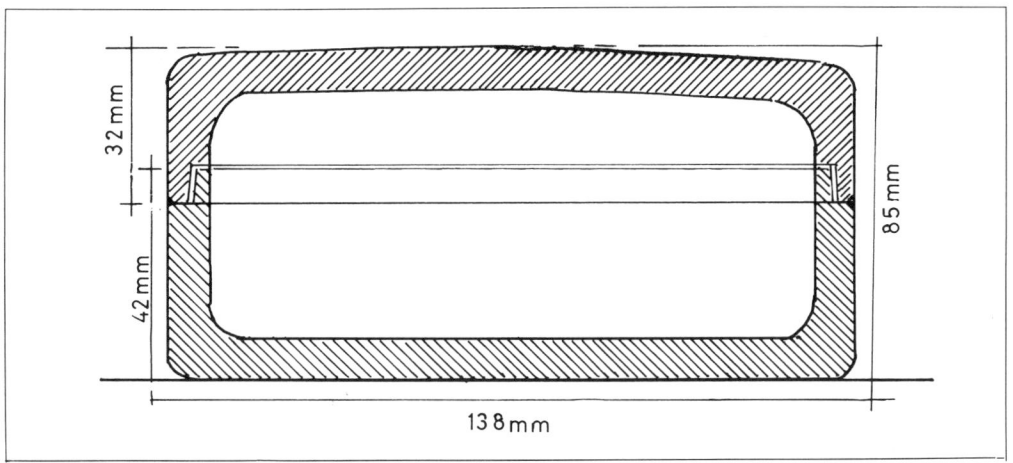

126 Dose mit überfälztem Deckel aus Buchenholz. Detailzeichnung.

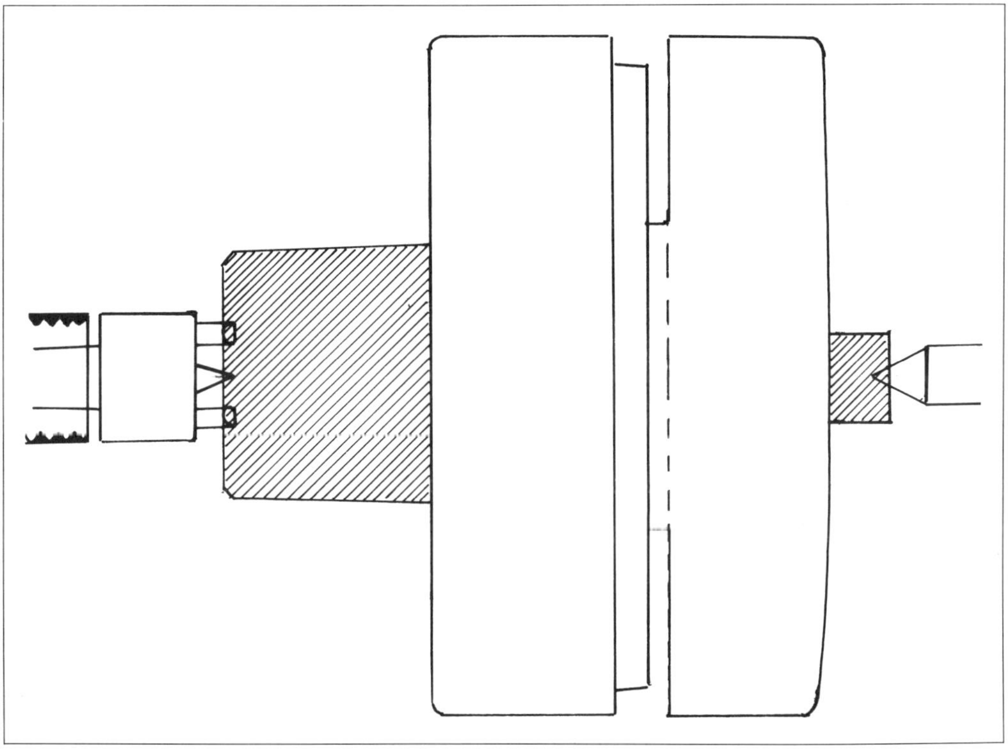

127 Drehen der Außenform zwischen Mitnehmer und Spitze. Der Spund für das entsprechende Metallspundfutter wird gleichzeitig angedreht. Der Deckel wird vom Unterteil oberhalb des Halses durchgetrennt.

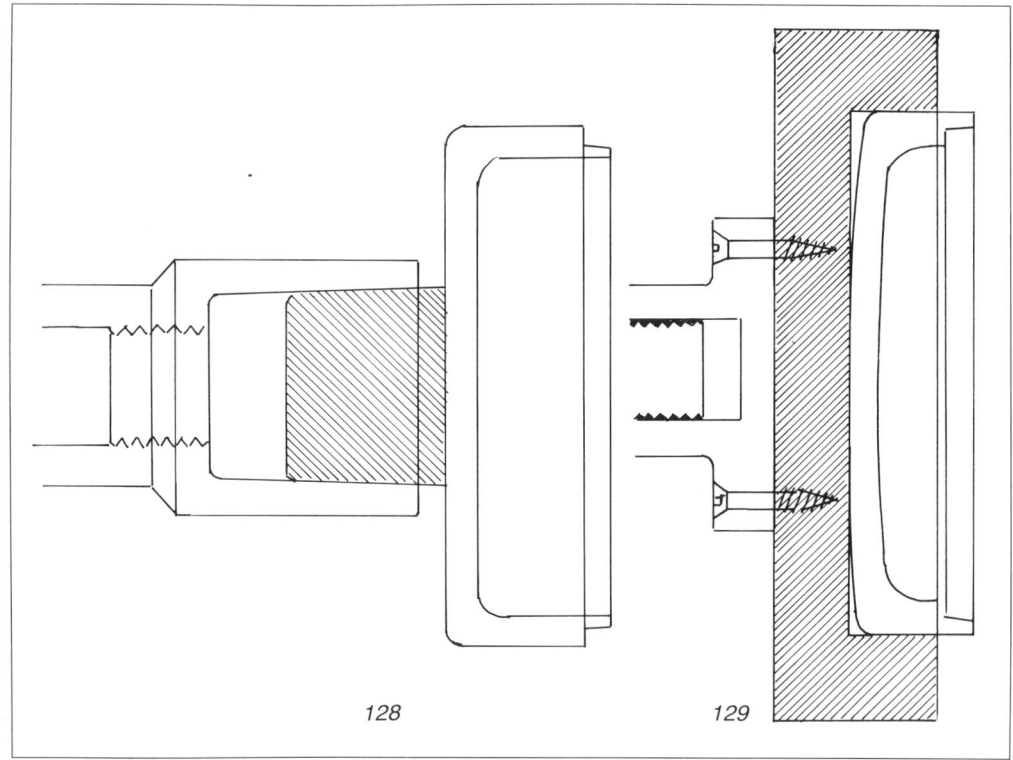

128   129

128   *Ausdrehen des Unterteiles im Spundfutter. Der Rohling läßt sich auch auf ein Blindholzfutter leimen, dieses ist auf der Planscheibe zu befestigen. Nach dem Abstechen des Deckels kann das untere Teil fertig geformt werden.*

129   *Die Deckelinnenseite wird ins Holzfutter geschlagen und fertig gedrechselt. Es kann im gleichen Futter durch Umdrehen auch die Wölbung der Deckeloberfläche fein bearbeitet werden. Ebenso kann das Unterteil, Bodenseite nach außen eingespannt, überdreht werden.*

130   *Schale aus Birnbaum mit feiner Kerbschnitzerei auf der Deckelfläche. Unterteil gewölbt.*

131   *Perlenband, 4 mm breit. Die Kreislinien werden auf der Drechselbank eingekerbt. Querschnitte werden mit dem Kerbschnittmesser eingeschnitten.*

132   *Auf Spund gedrechselte Außenform einer bauchigen Dose. Die Deckelform wird abgestochen und nachher in einem Holzfutter wie Bild 79 ausgedreht. Damit der konisch geformte Deckel nicht aus dem Futter springt, muß er etwas tiefer als seine Dicke, im Holzfutter eingelassen werden.*

133   *Kleine Dose mit überfälztem Deckel aus Edelkastanienholz. An der Deckelkante wurde eine feine Rippe ausgedreht.*

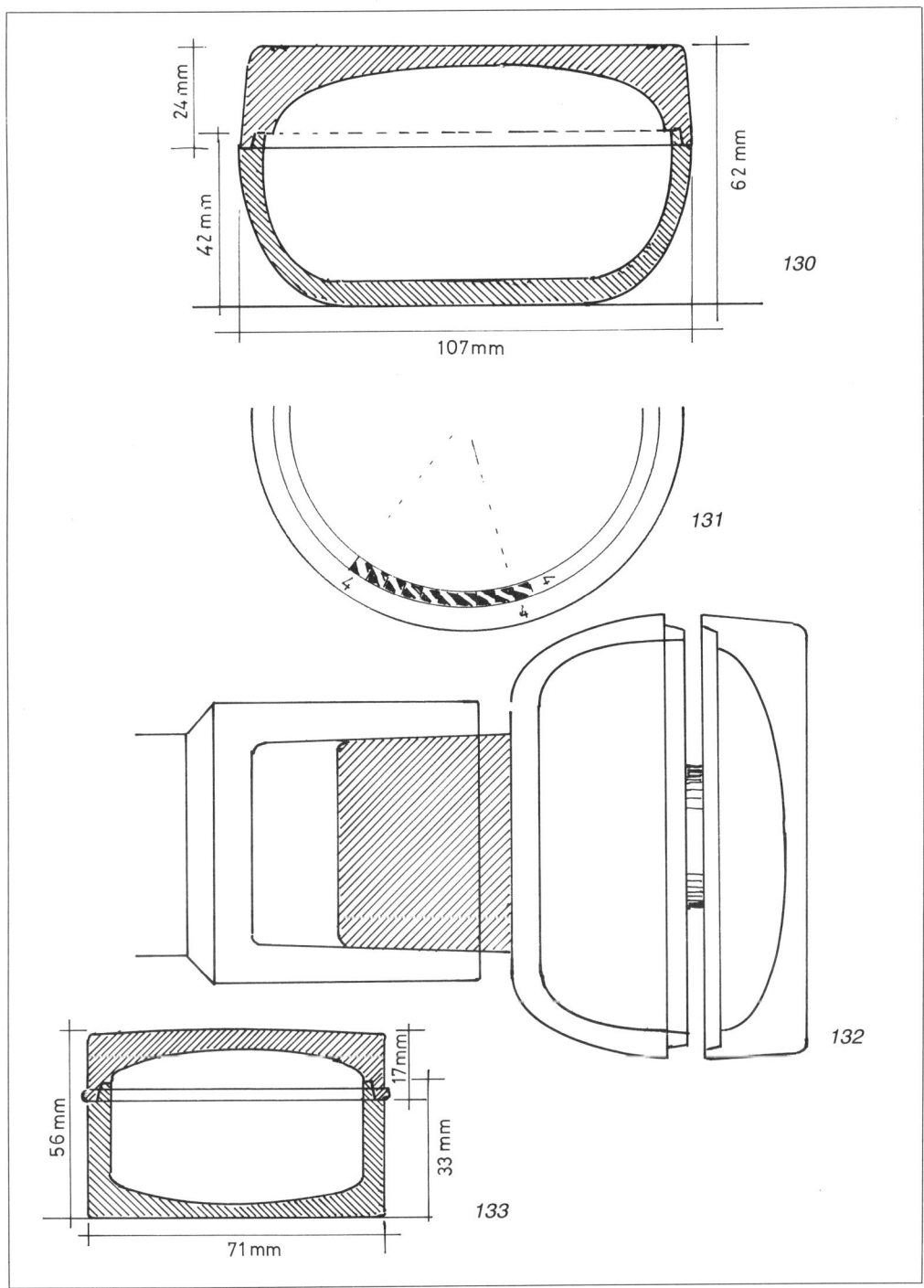

24 mm

42 mm

62 mm

107mm

130

131

132

17 mm

56 mm

33 mm

71 mm

133

89

Anstelle eines Rohlings, der fest auf eine Blindscheibe geleimt wurde, kann die Rohform der Dose auch nur mit einem Spund versehen werden. Der etwas größere, fest aufgeleimte Spund wird zusammen mit der Außenform auf das Innenmaß des entsprechenden Spundfutters abgedreht.

Bei dieser Methode kann der Boden so weit sauber gedreht werden, daß eventuell das Umspannen auf das Dreibackenfutter kaum mehr notwendig ist. Für Dosen, deren Eckkanten stark gerundet werden, ist das Einspannen in das Drei- oder Vierbackenfutter wegen der Rundung nicht mehr möglich. Hier hilft nur das selbst vorbereitete Holzfutter.

Eine andere Art von Dosenverschluß besteht darin, daß der flächige, außen mit einem Falz versehene Deckel von oben her in einen Gegenfalz gelegt wird.

Der roh geschnittene Teil wird am besten mit einer Blindholzscheibe verbunden und so auf die Planscheibe geschraubt.

Im ersten Anlauf kann nun die Außen- und Innenform samt Falz gedrechselt werden. Der etwas überhängende Rand soll auf der Innenseite der Dose sauber ausgedreht werden.

Das Hinterdrehen, insbesondere das Sauberdrehen mit der Röhre, wird dem Anfänger nicht gleich im ersten Anhieb gelingen.

Anstelle der zum Schlichten angesetzten Röhre wird uns auch ein Flachmeißel mit stumpf angeschliffener Fase dienen. Der flache Stahl, der eine bogenförmige Schneide erhält, wird dem weniger versierten Drechsler an dieser schwierigen Stelle weniger einhängen.

Der Stahl läßt sich flach auf der Schiene oder Handauflage auflegen und je nach Schnittwinkel und Neigung der Schnittfläche in Schräghaltung bringen.

Bei ersten Versuchen würde ich raten,

134 *Zwei Schmuckdosen aus Rosenholz mit überfälzten Deckeln.*

135   Dose aus Oliven-Esche, geöffnet. Überfälzung des Deckels sichtbar.

136   Dose aus Buchenholz.

137   Dosen aus Edelkastanienholz.

138   Zwei aus Längsholz gedrechselte Dosen, Eiche.

139 Geöffnete Dose aus Eichenholz. Höhe geschlossen 160 mm, ⌀ 100 mm.

140 Dose mit überfälztem Deckel aus Birnbaum. Auf dem Deckel feine Kerbschnitzereien (Perlen-band).

141 Dose aus Kiefer. Der in der Oberfläche in den Falz gelegte Deckel erhält einen angedrehten Knopf.

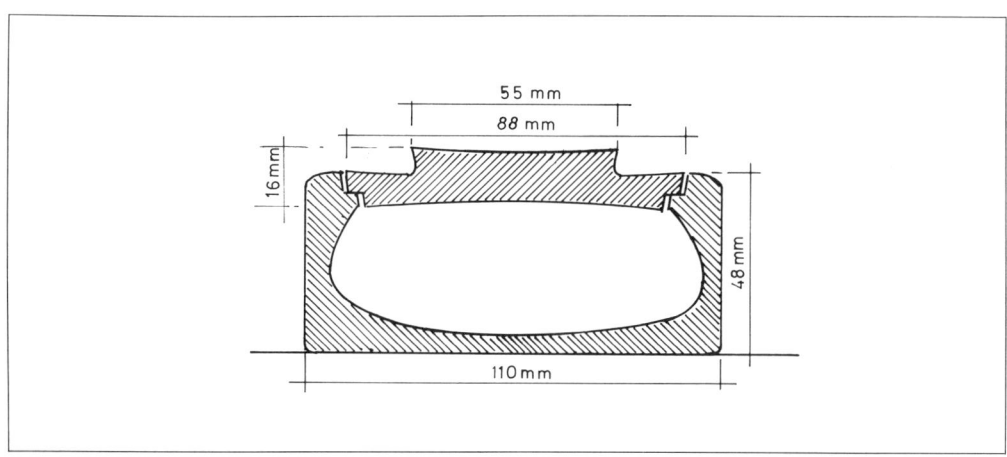

142 Dose mit eingefälztem Deckel aus Kiefernholz. Da bei dieser Verschlußart zwischen Deckel und Büchse etwas mehr Spielraum gegeben werden kann, ist sie nicht sehr anfällig gegen das »Arbeiten« des Holzes.

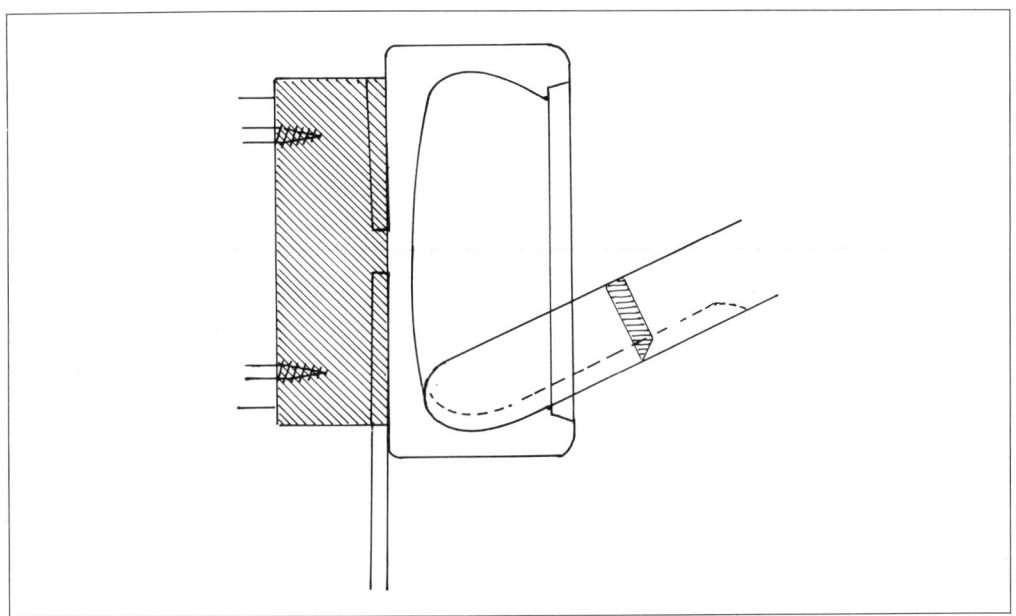

143   Das Ausdrehen der Dose erfolgt mittels Röhre und Ausdrehstahl. Die ausgesägte Form wird wiederum auf ein Blindfutter geleimt und auf der kleinen Planscheibe oder auf einem Schraubenfutter befestigt. Nach dem Fertigdrehen der Außen- und Innenform wird die Dose mit dem Abstechstahl vom Blindfutter getrennt. Um die Bodenseite der Dose fein zu bearbeiten, kann sie auf das Dreibakkenfutter gespannt werden, wobei die Innenbacken nach außen in die Öffnung zu spannen sind.

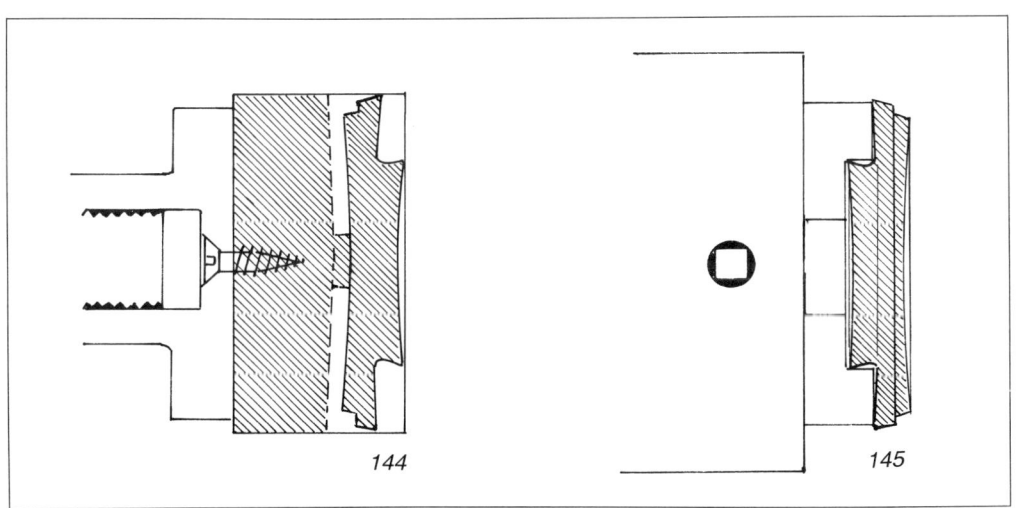

144

145

144   Das Drechseln des Dosendeckels auf dem Schraubenfutter. Das Holz ist aus dem gleichen Brett zu sägen, aus dem die eigentliche Dose stammt.

145   Sauber drehen und letzte Einpaßarbeiten am Deckel, der in den Außenbacken des Dreibakkenfutters festgehalten wird.

den unteren Teil der Dose noch nicht von der aufgeleimten Blindscheibe zu trennen, sondern zuerst den Deckel in Angriff zu nehmen.

Er ist aus dem gleichen Holz auszusägen, und da nicht die ganze Dicke dazu Verwendung findet, setzen wir unser Schraubenfutter oder, sofern man hat, das Aufschlagfutter mit der kreisförmigen Schneide ein.

Der Deckel braucht für das zu erwartende Wachsen und Schwinden des Holzes eine Toleranz von 1 bis 2 mm.

Bei größeren Dosen in dieser Konstruktion ist der Falz entsprechend zu vergrößern, da hier mit mehr Abschwund gerechnet werden muß.

Schale mit Handgriff

Eine etwas ungewohnte, aber praktische Drechselarbeit stellt die Schale mit Handgriff aus Eibenholz dar. Die Außenform der Schale kann nicht auf der Drechselbank bearbeitet werden.

Wir sind aber sehr froh, wenn uns das Schnitzen der Schalenmulde erspart bleibt. Wir drechseln, um die Unwucht, die durch den über die Planscheibe herausragenden Griff entsteht, nicht unnötig zu erhöhen, mit einer Drehzahl von 750 bis 1000 U/min.

Der Rohling wird also direkt mit einigen nicht zu langen Holzschrauben auf der Planscheibe festgehalten. Die Innenwölbung wird ausgedreht und fein geschliffen. Danach sind die möglichst am Rande der Scheibe eingetriebenen Schrauben zu lösen, es beginnt die Handarbeit.

Die Außenform samt Griff wird am besten mit der Surform-Feile weiter bearbeitet. Zu diesem Zweck ist der Griff in die Hobelbank oder in einen Schraubstock zu spannen. Unsere Finger gleiten dabei immer wieder über Innen- und Außenform, bis die Außenwölbung der Innenform entspricht und die tastende Hand keine

146 *Schale mit Handgriff, Schöpfer aus Eibenholz (Seitenansicht).*

96

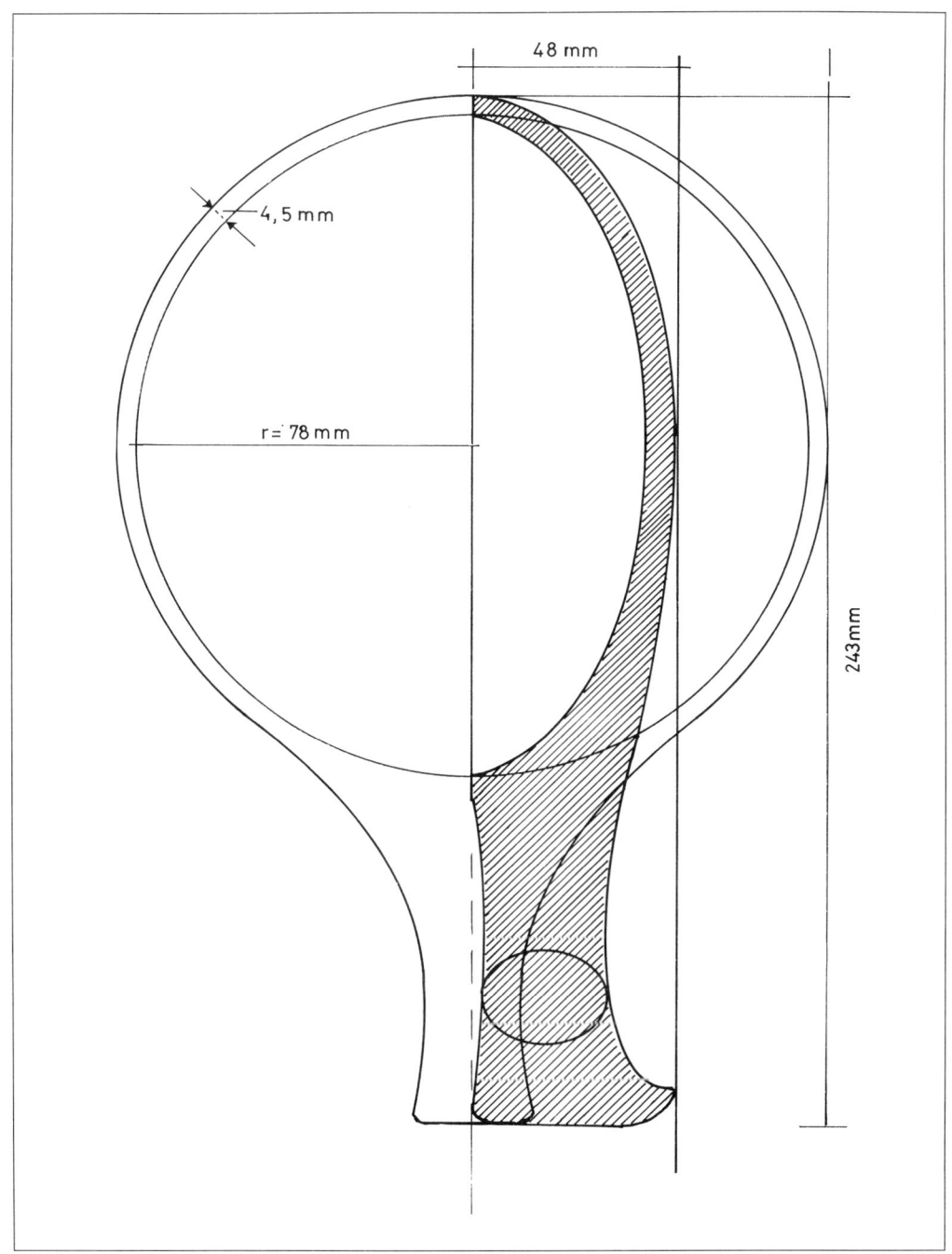

48 mm

4,5 mm

r = 78 mm

243 mm

147 Detailzeichnung zu Schale mit Handgriff aus Eibenholz. Die Außenform muß von Hand mit Schnitzmesser und Feile bearbeitet werden. Die Innenwölbung kann man drechseln.

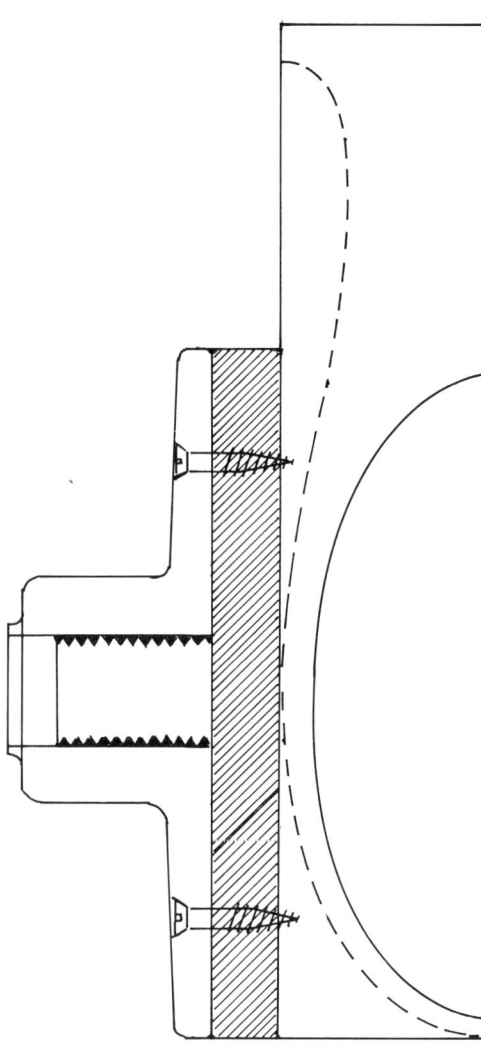

Wellen und Verdickungen mehr entdeckt, die ihr zuwider sind.

Die gleiche Sorgfalt wird auch der Bearbeitung des Griffes zugewendet. Er wird solange geformt, bis er in unserer Hand ein angenehmes Gefühl auslöst.

Das eher seltene, rötliche Eibenholz läßt sich sehr fein auch mit Feile und Schleifpapier bearbeitet und anschließend mit einem seidenglänzenden Lack überziehen.

Ein gedrechselter Salz- oder Pfefferstreuer

Fürs erste ist die Größe und Handlichkeit dieses Gerätes zu beachten, es soll angenehm in der Hand liegen und beim Streuen nicht ohne weiteres wegfliegen. Etwas mehr Kopfzerbrechen dürften einem allerdings die Streulöcher für Salz und Pfeffer bereiten.

Sind diese Löcher durch das Stirnholz zu bohren, ist mit dem Durchbrechen der dünnen Holzschicht zu rechnen. Wird die Holzschicht aber etwas dikker gehalten, werden die gemahlenen Pfefferkörner und Salzkörner im längeren Bohrschacht steckenbleiben. Es ist auch daran zu denken, daß das Holz durch die Wasserabgabe des Salzes ein wenig aufquillt, daß die Fasern in den Bohrlöchern aufstehen und das Durchgleiten der Salzkörner verhindern. Wie soll das Einfüllen des gemahlenen Pfeffers und des Streusalzes vor sich gehen?

148 Das Aufspannen der Schale auf die Planscheibe; zuvor wurde eine Blindholzscheibe von etwa 18 mm Dicke auf den Boden des Rohlings geleimt. Ausdrehen der Innenform bei niedriger Drehzahl. Unwucht wegen des vorstehenden Griffes.

149 Salzstreuer aus Ebenholz mit Deckel aus Stahl.

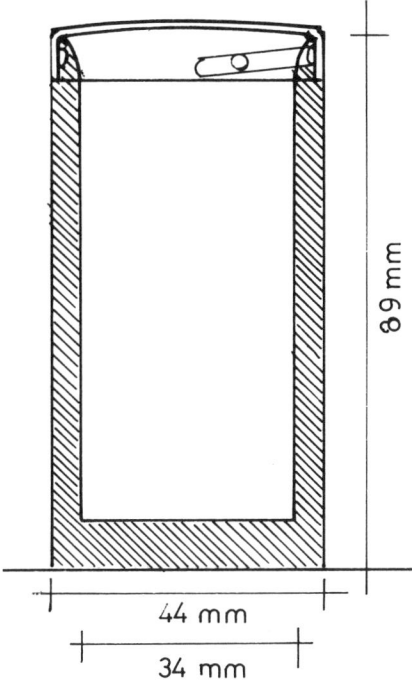

89 mm

44 mm

34 mm

150 Detailzeichnung: Salz- oder Pfefferstreuer mit Stahldeckel. Bajonettverschluß. Bohrung von oben.

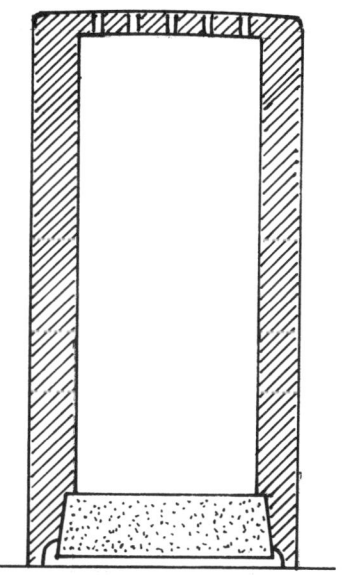

151 Detail: Salz- oder Pfefferstreuer aus Hartholz. Salzlöcher, 2,5 mm ⌀, für Pfeffer 1,5 mm ⌀. Verschluß durch Korkzapfen.

Bei vielen hölzernen Streudosen werden von unten her Korkverschlüsse eingetrieben. Der Korkzapfen ist in der Regel mit Hilfe eines Messers herauszuheben, nach dem Einfüllen des Streugutes wieder einzusetzen und mit dem Daumen leicht anzudrücken. Die Sache wird bedeutend weniger problematisch, wenn ein metallener Streudeckel für das Einfüllen von Salz und Pfeffer weggeschraubt werden kann. Der wie ein Büchsendeckel geformte Stahlverschluß mit den eingebohrten, kleinen Streulöchern, die

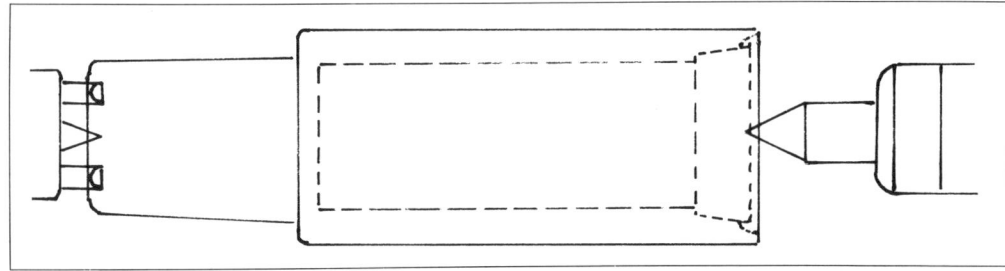

152 Drehen der Außenform mit Spund zwischen Mitnehmer und Spitze.

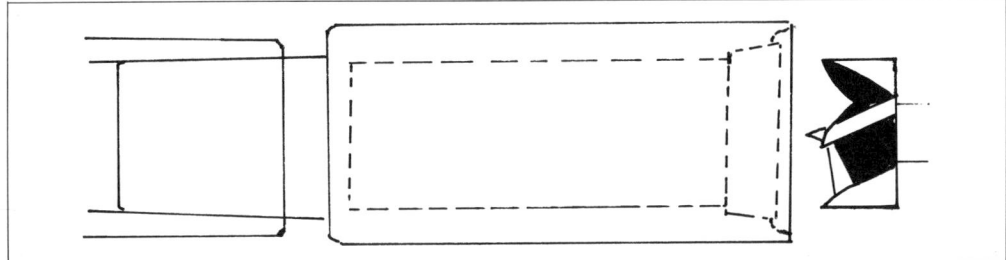

153 Die fertige Außenform wird ins Spundfutter geschlagen und mit dem Zobo-Bohrer ausgebohrt. Bohrer sitzt in der Pinole des Reitstockes.

größeren für Salz, die kleinen für Pfeffer, erhält auf der Innenseite zwei Stahlnocken. Diese beiden kleinen Metallbolzen greifen in die schräg von oben her ausgefrästen Nuten, so daß sich der aufgesetzte Deckel durch eine leichte Drehung auf die Öffnung pressen und schließen läßt. Damit der Metalldeckel sauber anschließt, wurde ein kleiner Falz angedreht, so daß der Innendurchmesser dem Außendurchmesser des angefälzten Teiles entspricht.

Die auf die Außenform gedrehte Dose läßt sich im Dreibackenfutter ausbohren, damit der Streuer ein genügendes Quantum an Salz oder Pfeffer aufnehmen kann.

Bei Verwendung eines Korkverschlusses wird der länger gehaltene, zylindrische Dosenkörper auf der oberen Seite ins Dreibacken- oder Spundfutter gespannt.

Von der Bodenseite her wird nun ein in der Pinole des Spitzenstockes steckender Bohrer eingetrieben. Eine weitere Stufe wird mit einem größeren Bohrer für den Sitz des Korkzapfens gebohrt oder mit dem Flachmeißel ausgedreht.

Damit der Kork beim Nachfüllen wieder herausgezogen werden kann, ist es unumgänglich, eine Fase oder eine Hohlkehle anzudrehen. Die Tiefe des Bohrloches ist bei dieser Konstruktion millimetergenau einzuhalten. Die Stirne des Streuers mit den Streulöchern darf im Maximum 3 mm betragen. Die Löcher für Salz und Pfeffer, 2,5 und 1,5 mm Durchmesser, sind etwas größer als die beim Metalldeckel.

154 Frontseite (Oberseite) der Kleiderknöpfe mit verschiedenen Profilen.

155 Gedrechselte Kleiderknöpfe aus verschiedenen Hölzern: Rosenholz, Kiefer, Ebenholz, Zebrano; Vorder- und Rückseite der Knöpfe.

Schmuckgegenstände und modische Zutaten

156   Dreibackenfutter auf der Spindel der Drechselbank.

Zu allen Zeiten entstanden diese kleinen Dinge, die nicht direkt zu den eigentlichen Gebrauchsgeräten zu zählen sind, die der Mensch aber trotzdem braucht. Wir möchten nicht weit in die Vergangenheit zurückgreifen, um festzustellen, seit wann es Klei-

derknöpfe gibt und wie diese ersten Typen wohl ausgesehen haben mochten. Um mit gedrechselten Knöpfen für Kleider zu beginnen, sie finden in den verschiedensten Variationen immer wieder neue Verwendung. Vor allem sind es die mit intensiven Farben

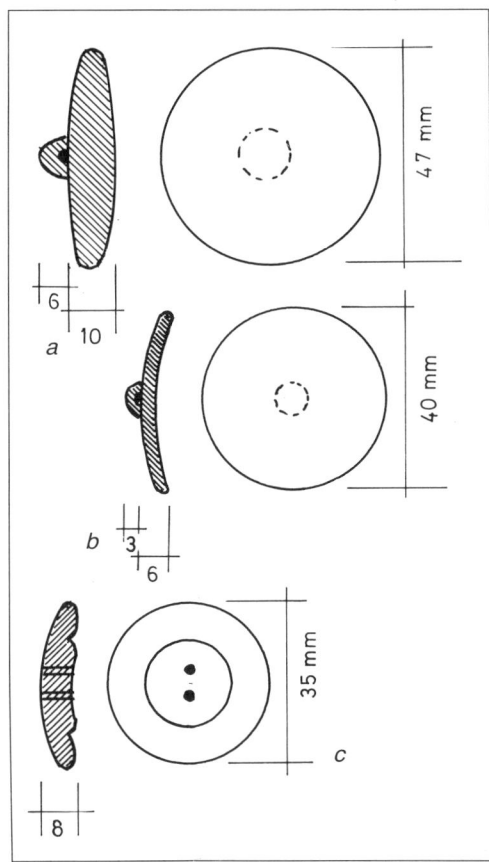

157 a Knopf aus Kiefernholz, 47 mm ⌀. Loch 2 mm ⌀ durch Ansatz, Rückseite. b Knopf aus Rosenholz, ⌀ 40 mm. Loch durch Ansatz 2 mm ⌀, Rückseite. c Knopf aus Makassar-Ebenholz mit zwei frontal durchbohrten Löchern, ⌀ 2 mm.

158 Der Vierzackmitnehmer mit Morsekonus wird in die Hohlspindel gesteckt.

159 Rotierende Spitze in der Pinole des Reitstockes.

versehenen, exotischen Hölzer, die immer wieder zur Anwendung und Herstellung von kleinen, schmückenden Dingen locken.

Auch ein kleiner Knopf aus Rosenholz zeigt sich als etwas Besonderes an der gestrickten Jacke. Der helle, große Knopf aus Föhrenholz wirkt erfrischend auf dunklem Grund. Das dunkle mit hellen Braunstreifen durchsetzte Makassar-Ebenholz, gestreiftes Zebraholz, goldfarbenes Seidenholz; es ist eine helle Freude, alle diese wunderschönen Hölzer in Verbin-

103

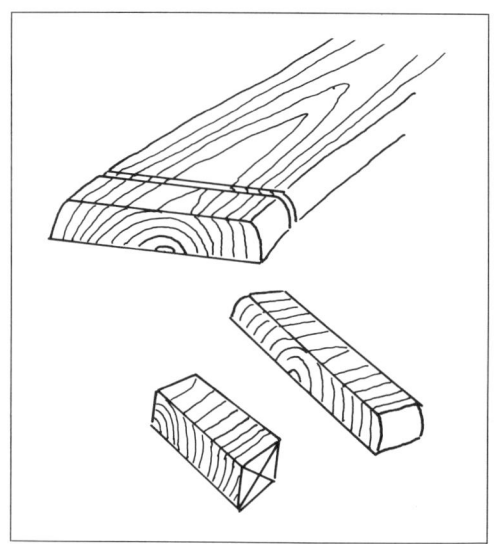

160 Vorbereitung des Querholzes für die Herstellung von Holzknöpfen.

dung mit textilen Werkstoffen zu sehen.

Herstellung von Holzknöpfen

Dreibackenfutter, Holz- und Metallspundfutter, Vierzackmitnehmer und die rotierende Körnerspitze, dies sind die Zubehöre, die der Drechsler zur Herstellung von Kleiderknöpfen gebrauchen kann.

Mittelbreite und schmale Drehröhren, Abstechstähle, vor allem die aus alten Streifenhobelmessern und Feilen hergestellten, dienen uns besonders.

Bei allen Messern sind stumpfe Fasen viel eher gefragt als spitze, lange Ballen. Es ist als Ausgangsform eine Reihe von 10 bis 15 cm langen Querholzwalzen vorzubereiten, jede Walze besitzt einen Spund für das kleine Metallspundfutter.

Die Knöpfe werden nun einer nach dem anderen fliegend gedreht und abgestochen. Nachdem jeweils die Frontseite des Knopfes sauber gedreht und geschliffen ist, wird die Handauflage in die Richtung der sich drehenden Walze geschoben. Es geht nun an den feinen Einstich auf der Rückseite des Knopfes, den wir mit einem möglichst dünnen, speziell geschliffenen Abstechstahl vornehmen. Es ist dabei zu beachten, daß die Rückseite möglichst sauber geschnitten und bereits etwas mit Sandpapier geschliffen wird. Jedenfalls ist in diesem Arbeitsgang die gerundete Außenkante des Knopfes fertig zu bear-

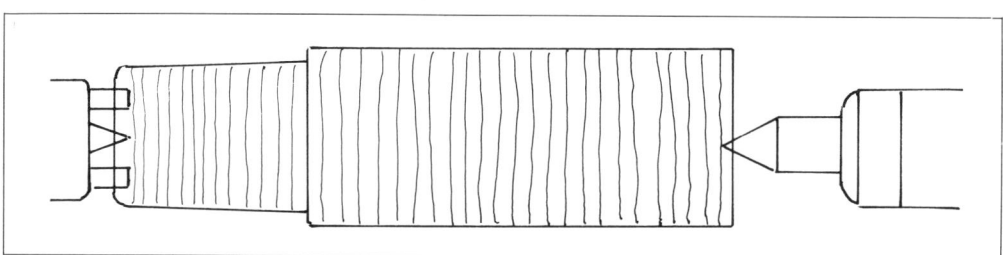

161 Vordrehen der Querholzwalzen mit Spund für die Herstellung von Kleiderknöpfen. Kiefer, Makassar-Ebenholz, Rosenholz u. a.

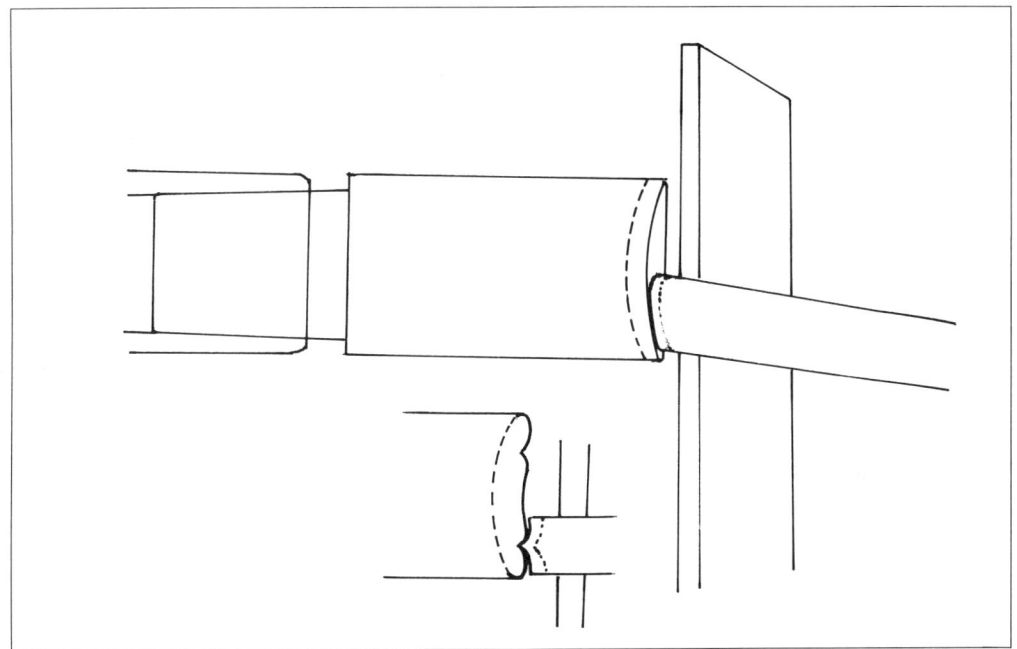

162   Drechseln der Knopf-Vorderseiten mit selbst hergestellten Profileisen aus Flachstählen, alten Feilen, Streifenhobelmessern.

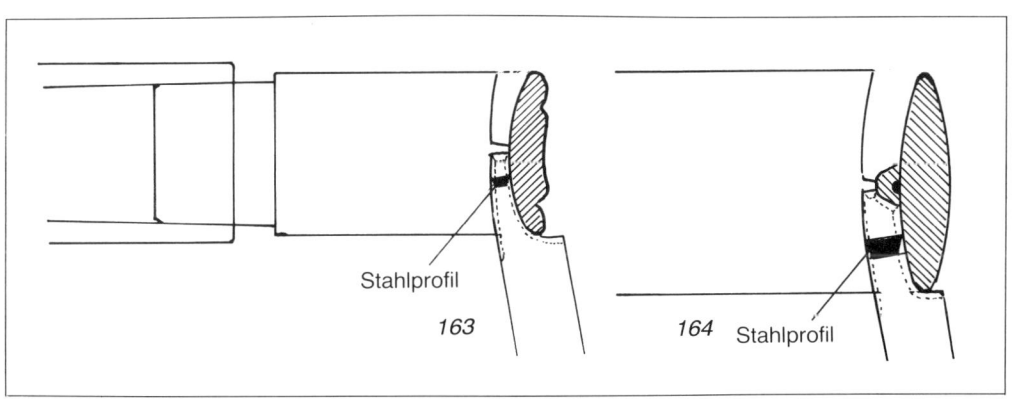

Stahlprofil

163

164   Stahlprofil

163   Beispiel für das Formen und Anwenden eines Profilstahles. Bearbeitung der Rückseite des Knopfes aus Makassar-Ebenholz.

164   Formen mit dem Profilstahl auf der Rückseite. Auch der Ansatz wird dabei gleich mitgeformt. Bevor die kleine Stegverbindung mit der Rohform abgestochen wird, ist die Rückseite fein zu schleifen.

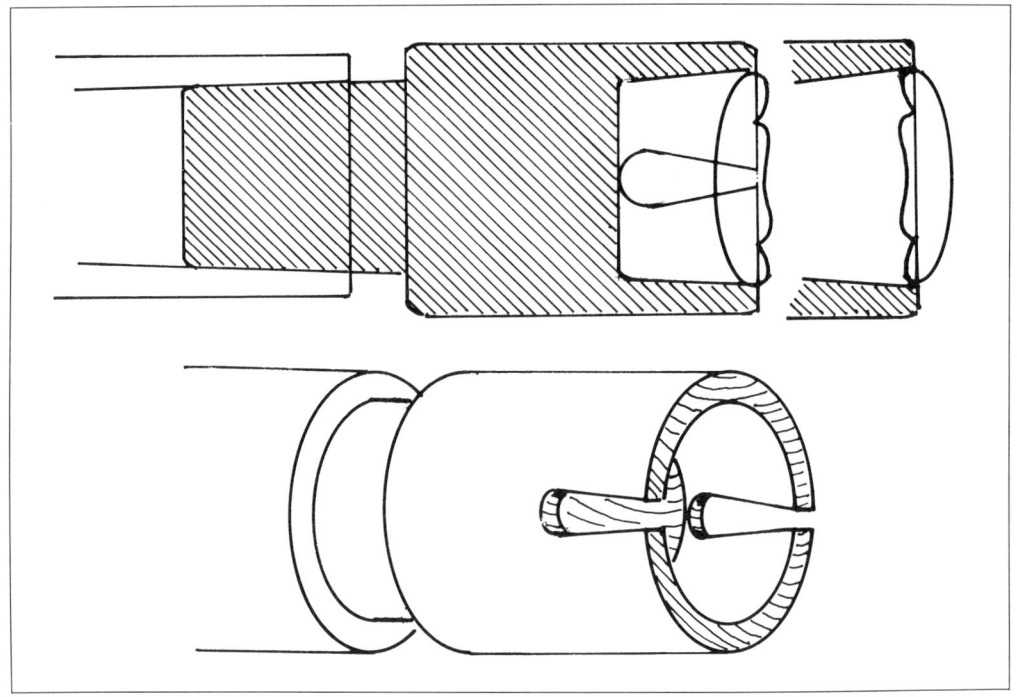

165 *Vorbereitetes Klemmfutter für das Fertigdrehen der Knöpfe. Die abgestochene Rückseite kann in diesem Futter sauber gedreht und geschliffen werden.*

beiten, bevor der erste Knopf wegge-stochen wird.

Nun sollen der zweite, der dritte und alle Knöpfe dieser Serie so weit ge-drechselt werden. Für das Fertigdre-hen der Rückseite wird ein kleines Holzklemmfutter aufgespannt. Knöp-fe, die auf der Rückseite eine kleine, halbkugelförmige Warze für die Durchführung des Fadens erhalten, werden auf die gleiche Art abgesto-chen.

Bei dem im Spundfutter sitzenden Holzklemmfutter bauen wir eine nützli-che Einrichtung für das Herausholen

des eingeschobenen Knopfes ein. Ei-nen schwalbenschwanzförmigen Schlitz sägen wir mit der Feinsäge etwa 10 mm tief durch die Wangen der Klemmbacken. Mit Hilfe eines klei-nen Hartholzstabs kann nun auch der kleinste Holzknopf mühelos und unbe-schadet aus dem Futter befördert wer-den. Aber nicht nur Knöpfe, sondern alle kleinen Dinge, wie zum Beispiel Puppeneßgeschirr: kleine Teller, Tas-sen, Krüge, werden in eben dieser Technik hergestellt.

Wer Schachfiguren herstellen will, wird seine Figuren auf die gleiche

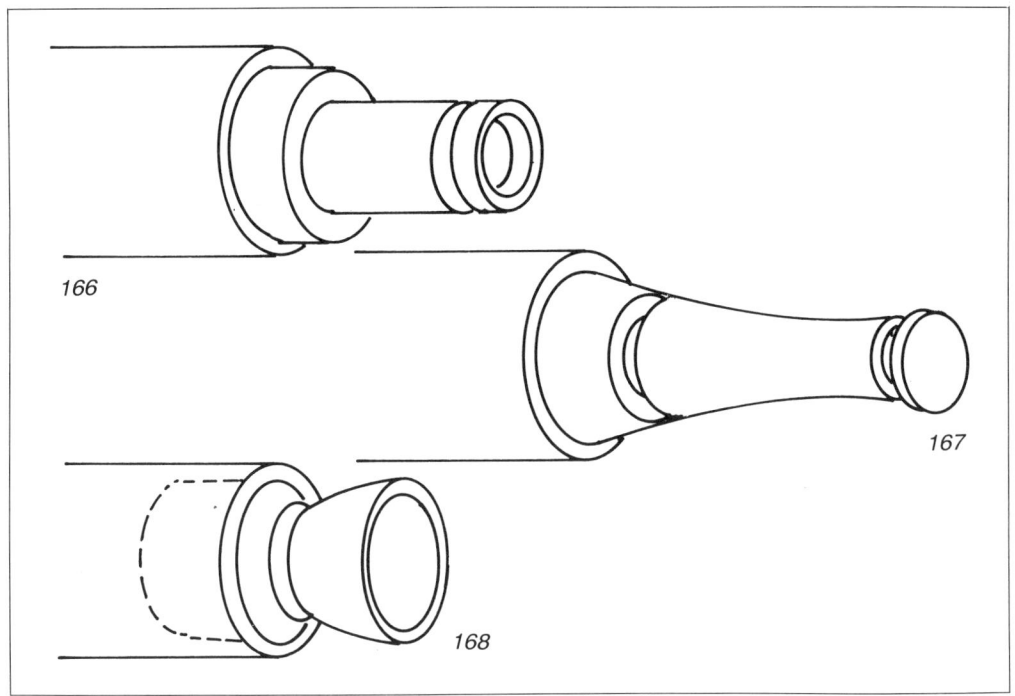

166

167

168

166   Drechseln von kleinen Fingerringen aus einer in das Spundfutter geschlagenen Querholzwalze. Nach dem Ausbohren können breite oder schmale Ringe von der Röhre weggestochen werden. Die Innenform läßt sich mit Hilfe eines Klemmfutters fein bearbeiten.

167   Die Herstellung von Schachfiguren geschieht mit Hilfe des Spundfutters. Die Rohformen werden zuerst rundgedreht und mit dem entsprechenden Spund versehen. Die Figuren können auf diese Weise fliegend fertig gedreht werden.

168   Es ist zu empfehlen, keine zu langen Rohformen in das Spundfutter zu schlagen. Besonders beim Puppengeschirr ist zu beachten, daß beim Ausdrehen von Mulden die Rohformen wirklich fest eingespannt sein müssen.

Weise »fliegend« drechseln. »Fliegend« heißt: nur auf der Spindelseite der Drechselbank im Futter festgeklemmt, also ohne Unterstützung der mitlaufenden Körnerspitze auf der Reitstockseite.

Das gleiche Prinzip des Aufspannens wird beispielsweise bei einem kleinen Ring angewendet.

Bei all den aufgezählten kleinsten Drechslerarbeiten sind die sich im Handel befindlichen Drechslereisen oft zu grob. Bei sehr vielen gedrechselten Formen wie Schachfiguren, kleinem Puppengeschirr und anderen Dingen muß der Drechsler seine Profilstähle auf der Schleifscheibe in die gewünschte Form bringen. Den entstandenen Faden oder Grat wird er mit Hilfe seiner Abziehsteine entfernen.

169　Holzperlen aus Eibenholz.

Holzkugeln, Holzperlen

Sollen kleinere Kugeln, zum Beispiel für ein Holzspielzeug, Holzperlen für eine Kette oder Stopfkugeln hergestellt werden, wird der geübte Drechsler Kugeln und Perlen ebenfalls am fliegenden, das heißt einseitig frei rotierendem Werkstück formen.

Für den Anfänger und Ungeübten ergeben sich bei den ersten Versuchen noch kaum befriedigende Ergebnisse. Aus diesem Grund ist zu empfehlen, die auf diese Weise abgestochenen, kugelähnlichen Formen zwischen zwei auf dem Dreizack und der rotierenden Körnerspitze sitzenden Holzfuttern zu klemmen.

Das Werkstück ist erst senkrecht, dann diagonal zwischen die beiden kleinen Futter zu setzen und darin solange abzudrehen, bis die kleine Kugel rund ist.

Selbstverständlich ist es nicht möglich, billige und in großen Mengen herzustellende Kugeln im Futter »übers Kreuz« zu drehen und fein zu schleifen, sie sind nach dem Augenmaß und mit Hilfe des Greifzirkels abzutasten und zu prüfen.

Beim Drehen von Holzperlen für eine Kette ist zu empfehlen, die Löcher vor dem endgültigen Abstechen zu bohren. Dazu stecken wir ein Bohrfutter in die Pinole des Reitstockes und treiben den feinen Bohrer in die am Langholzstück fliegend gedrehte und fertig geformte kleine Kugel.

Eine weitere, technische Möglichkeit bedeutet auch das Drechseln von

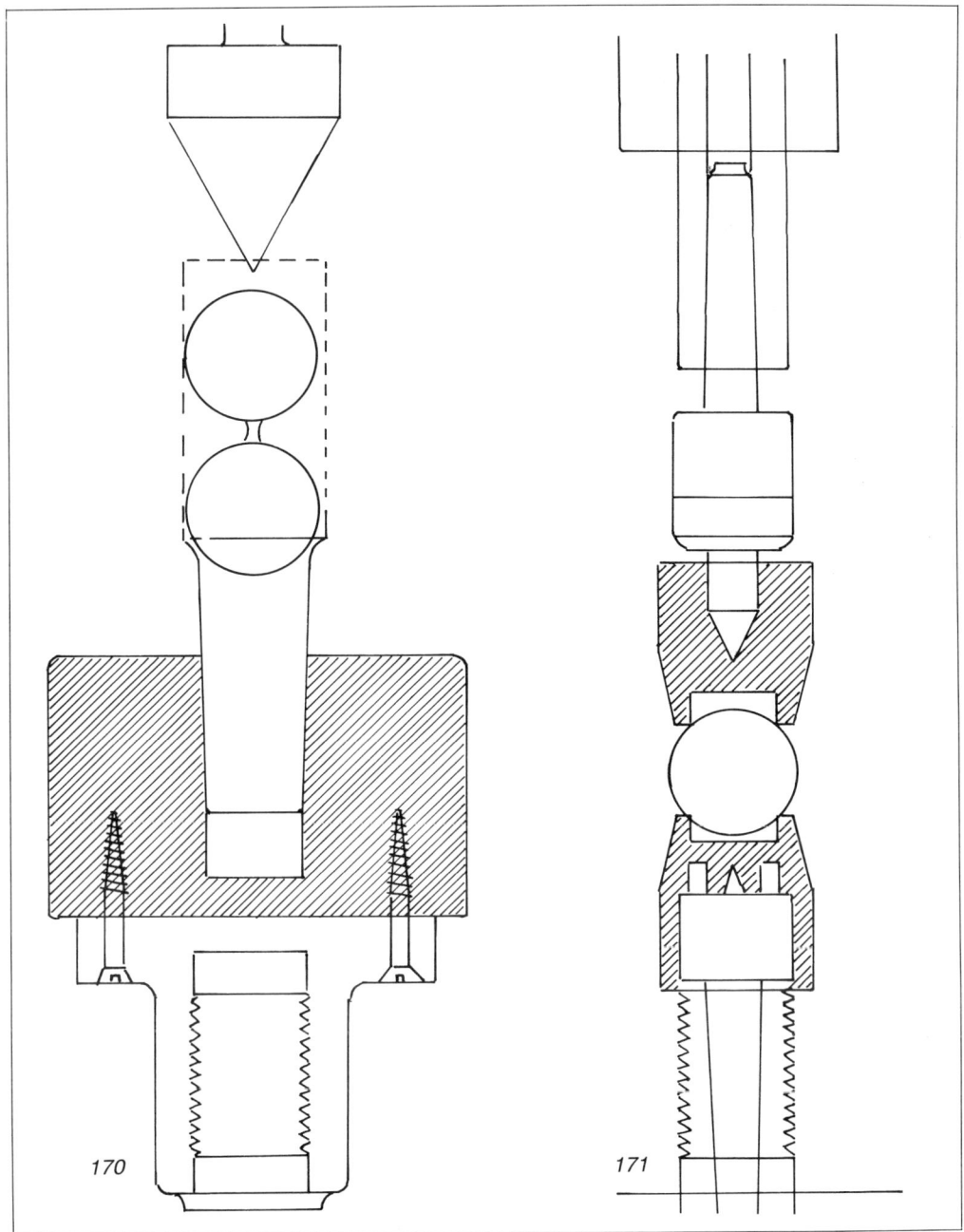

170   Im Spundfutter sitzender Rohling für das fliegende Drechseln von Holzperlen.

171   Vorrichtungen zum Einspannen und Runddrehen von kleinen Kugeln auf der Drechselbank. Die Einspannformen sitzen auf dem Dreizackmitnehmer und auf der rotierenden Spitze.

12
15
18
20
steile Fase

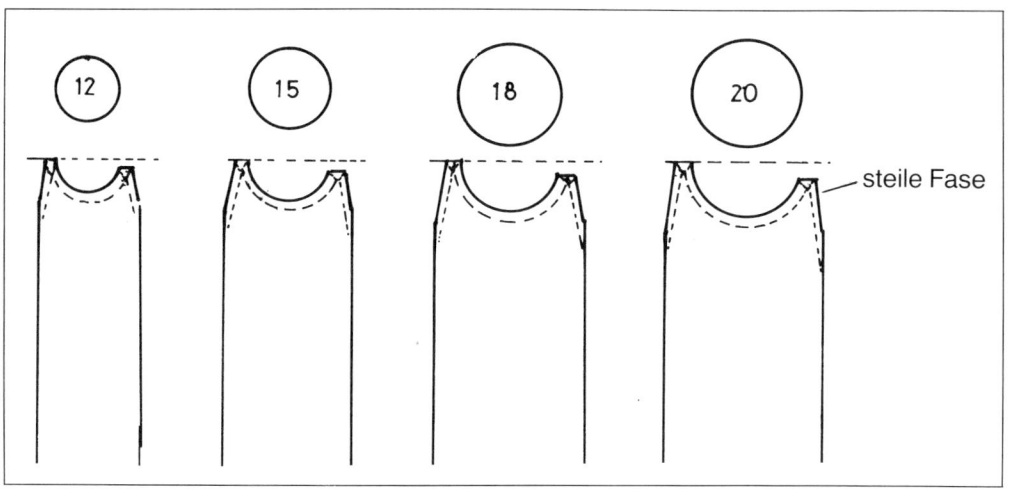

172 Profilstähle aus Feilen und Meißeln für das Drehen von Holzperlen mit 12, 15, 18, 20 mm ∅. Die kurze steile Fase verhindert das Ausreißen der Fasern.

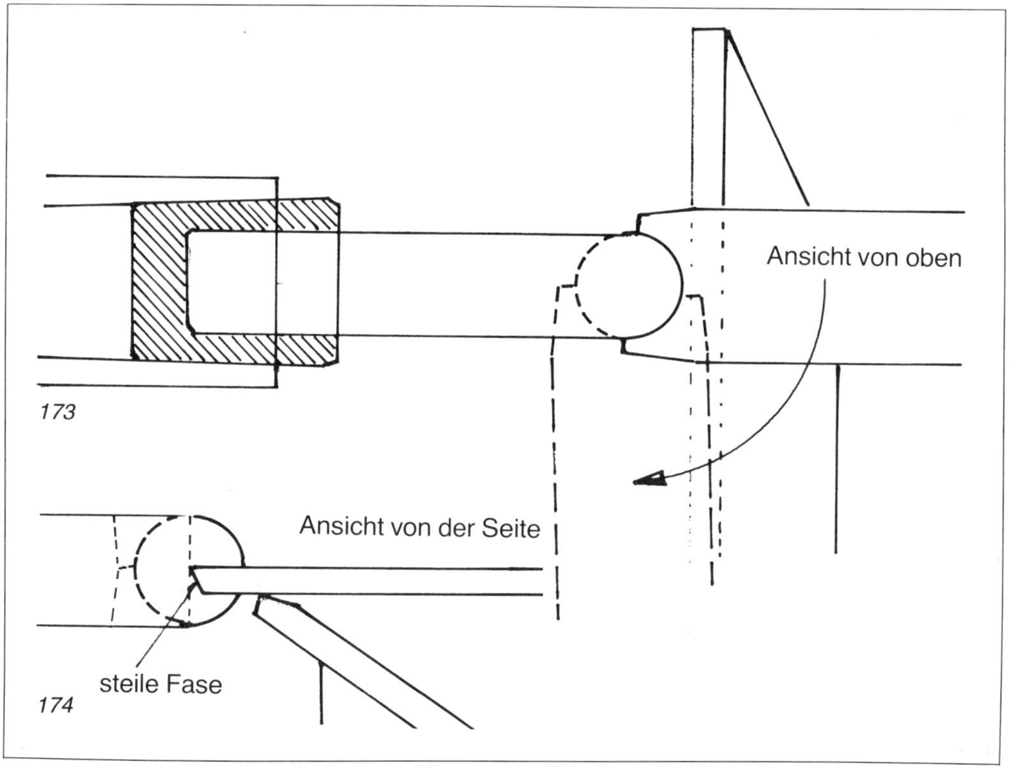

Ansicht von oben
Ansicht von der Seite
steile Fase

173

174

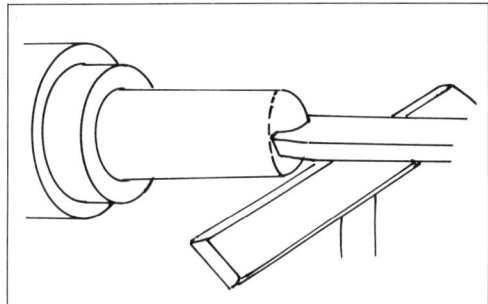

175 Formen einer Perle mit dem Profilstahl.

Richtung der Drehachse gehalten und genau auf dieser Höhe eingefahren werden. In Horizontalhaltung wird sodann eine Drehung von 90° in der Richtung gegen den Drechsler ausgeführt. Der Meißel wird dabei mit kräftiger und ruhiger Hand geführt und fest auf die Handauflage gedrückt.

Perlen mit einem Profileisen, das wir uns aus einer Flachfeile oder aus einem Flachmeißel herstellen.

Der mit der Konterfaçon der Kugel versehene Meißel hat eine sehr steile Schleiffase, so daß er auch waagerecht eingeführt werden kann.

Bei der Herstellung des Profilmeißels ist zu beachten, daß nicht der volle Halbbogen der Kugel ausgeschliffen werden darf, das fehlende Bogenstück ist beim rechten Fräszahn zu reduzieren. Der Profilstahl soll auch nicht zu kurz sein. Er muß erst in der

173 In Richtung Drehachse wird mit dem Flachmeißel gegen den Spindelkasten gestoßen. Schneide liegt dabei genau horizontal auf der Höhe der Drehachse. Nachdem die Halbkugel auf der Stirnseite geschnitten wurde, wird der Meißel genau um 90 Grad gegen die Spindel abgedreht. Die Lage des Meißels ist horizontal, er muß auf gleicher Höhe um einen Viertelbogen auf der Schiene abgedreht werden.

174 Die Ansicht von der Seite zeigt den Stahl genau in horizontaler Lage. Die Schneide liegt auf der Höhe der Drehachse.

Reifen und Ringe

Wie sich ein kleiner, feiner Fingerring herstellen läßt, darauf sind wir bereits zu sprechen gekommen. Das beschriebene Holzklemmfutter, mit den von der Stirn her eingesägten Schlitzen, hilft uns beim Herausholen und Einklemmen des Ringes. Er wird sich in dieser Einspannvorrichtung vor allem auf den Seitenkanten und auf der Innenseite fein bearbeiten lassen.

Die Herstellung von Armreifen und größeren Reifen kann sehr verschieden angegangen werden. Nehmen wir uns einen Armreif aus Querholz vor. Da es sich um ein modisches Schmuckstück handelt, wählen wir ein Edelholz von besonderer Farbgebung, zum Beispiel Makassar-Ebenholz, Rosenholz, Palisander oder ein anderes, nicht allzu sprödes Material.

Wir sägen eine Brettscheibe aus 10 bis 20 mm dickem Holz. Die Größe der Reifenöffnung soll je nach Armdicke einen Durchmesser von 65 bis 70 mm betragen. Wird der Reifen eine Dicke von 6 bis 12 mm aufweisen, ergibt sich ein Außendurchmesser von 75 bis 82 mm.

111

176 Armreifen aus Eibe und Ebenholz.

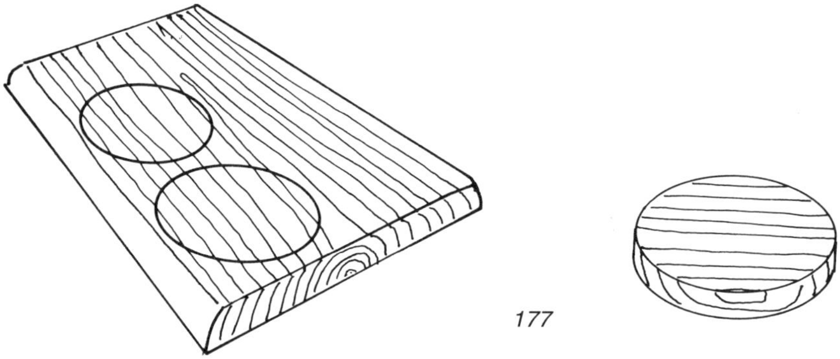

177

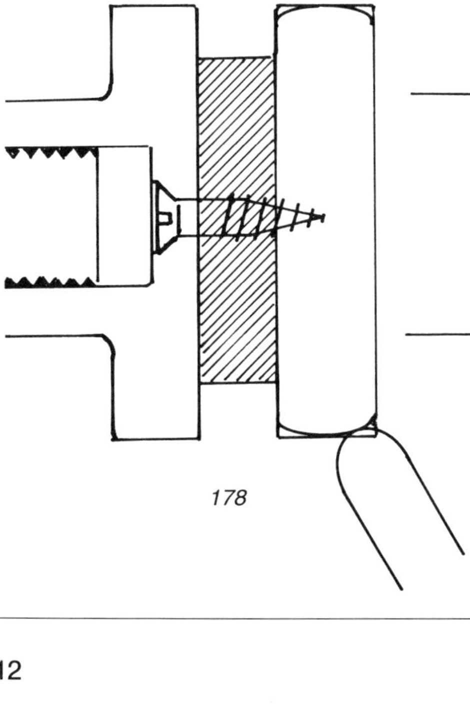

178 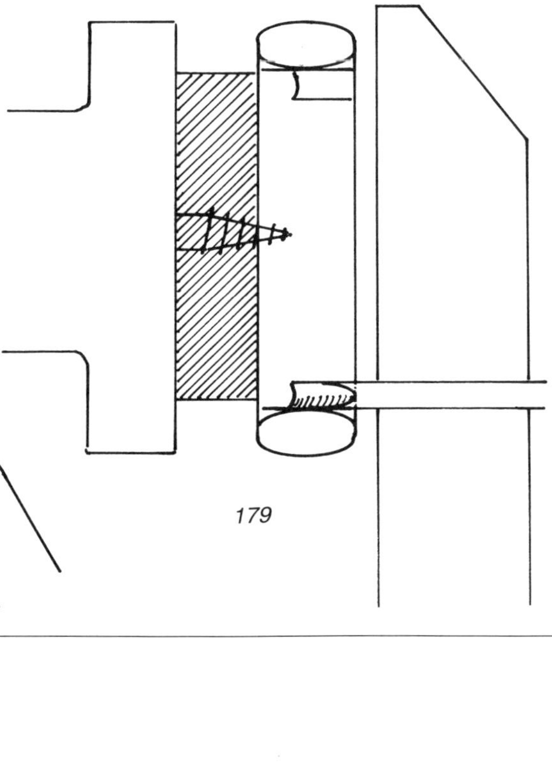   179

177 Zurichten von Holz für Armreifen aus Querholz. Die Scheiben werden aus einem 10 bis 20 mm dicken Brett mit Hilfe der Band- oder Stichsäge ausgesägt.

178 Das Aufspannen auf das Schraubenfutter. Damit die Schraube nicht zu weit in das schöne Edelholz dringt, Spaltgefahr, wird eine Zwischenscheibe auf das Futter gelegt. Die Außenkante kann bereits fertig geformt werden.

179 Das Ausstechen des Reifens mit dem hohlgeschliffenen Abstechstahl, Bild 120. Vor dem Durchstoß wird die vordere Eckkante leicht gebrochen oder mit der schmalen Röhre gerundet.

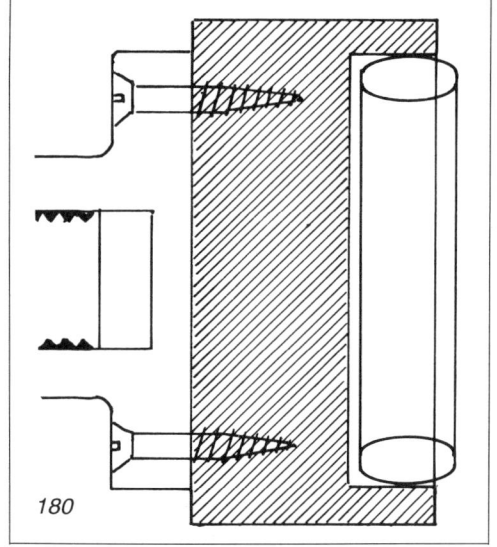

180

180 Holzfutter für alle Reifen, die auf den Außenseiten bereits in Form gebracht wurden. Die eingespannten Ringe erhalten hier die leicht gewölbten fein geschliffenen Innenflächen.

181 Eine weitere Methode für das Außen-Formen eines Armreifes. Die Scheibe wird mit einer Holzschranke auf dem eingeschlagenen Spund befestigt.

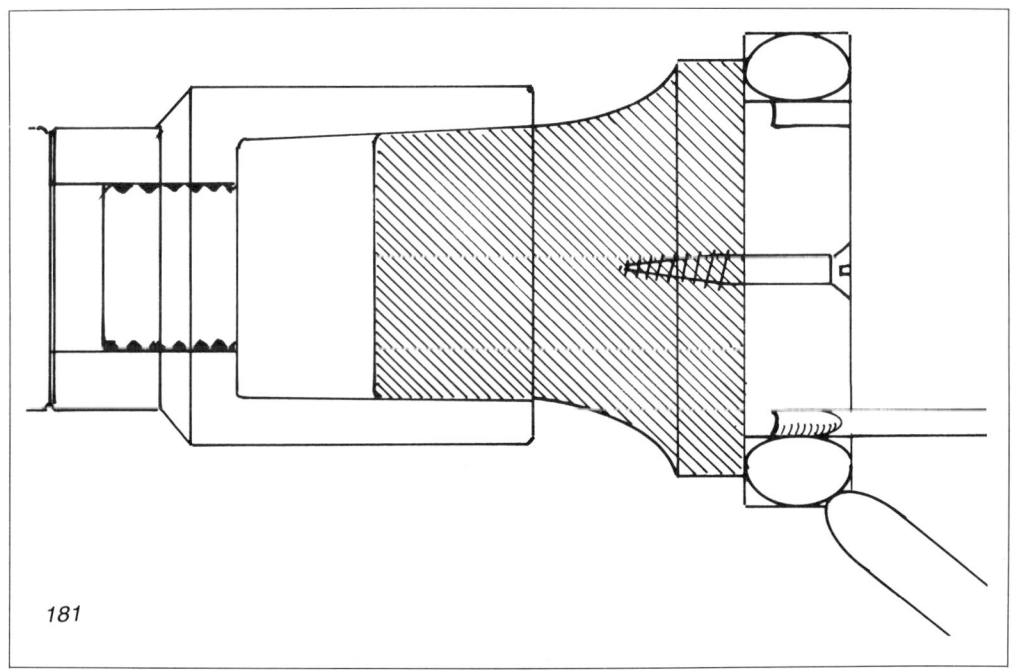

181

Das Schraubenfutter mit einer zusätzlichen Holzscheibe von 10 bis 20 mm Dicke wird auf das Spindelgewinde geschraubt. Die im Zentrum vorgebohrte Scheibe wird sorgfältig auf das Schraubengewinde des Tellers gedreht, bis sie fest auf der Blindholzscheibe anschließt. Nun wird die Außenkante und je nach Größe der Futterscheibe eine oder beide Schmalkanten des Reifes mitgeformt.

Nachdem die drei Außenkanten feingeschliffen sind, erfolgt das Durchstechen mit einem schmalen Abstechstahl. Eine Feinbearbeitung dieser durchschnittenen Innenflächen folgt als nächster Schritt. Zu diesem Zweck stecken wir die auf den Außenseiten sauber gedrehte Ringform in ein vorbereitetes Holzfutter.

Die Innenflächen lassen sich nun von beiden Seiten her leicht anrunden und mit Schleifpapier verfeinern.

Bei Verwendung des Spundfutters wird die rohe Scheibe entweder mit einer durch das Zentrum geführten Holzschraube auf dem eingeschlagenen Holz festgeschraubt oder, mit einem entsprechenden Loch versehen, auf ein im Spundfutter sitzendes Zapfenholz gesetzt.

Um die Höhlung sauber ausdrehen zu können, ist ein auf der Planscheibe befestigtes Holzfutter zu benutzen.

Eine dritte Möglichkeit besteht darin, daß der Reifenrohling bereits mit einer durch das Zentrum führenden Bohrung als Ringform besteht. Die rohen Reifen sind nun auf einen vorbereiteten konischen Zapfen zu stecken, der auf dem Schrauben- oder im Spund-

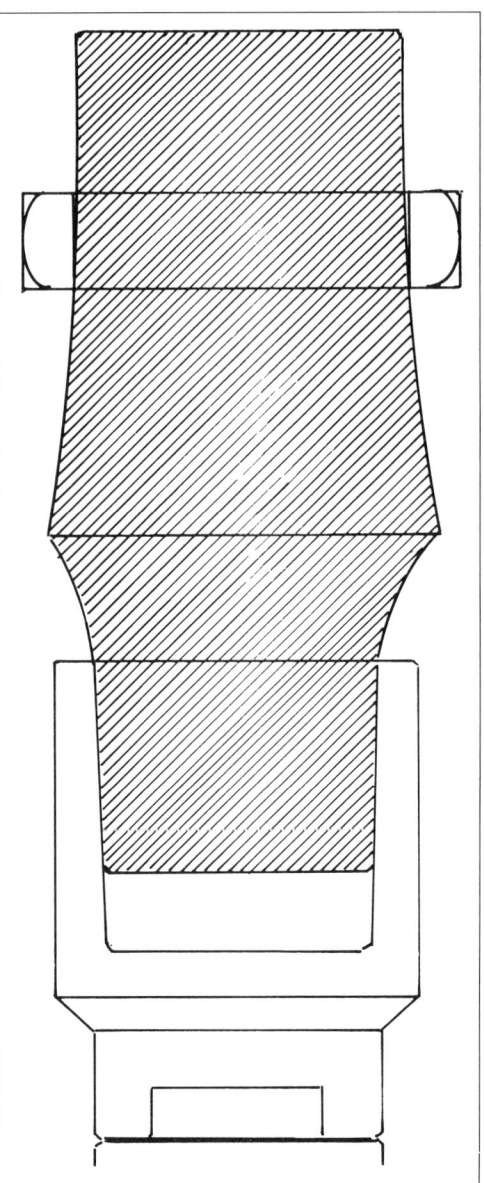

182 *Eine dritte Aufspann-Methode für das Drehen der Außenform besteht darin, daß das Innere des Ringes ebenfalls auszusägen oder auszubohren ist. Der roh zugesägte Ring wird nun auf den im Spundfutter sitzenden, konischen Spundzapfen gesetzt. Dieses Vorgehen gestattet uns, alle Außenseiten des Reifens im Auge zu behalten.*

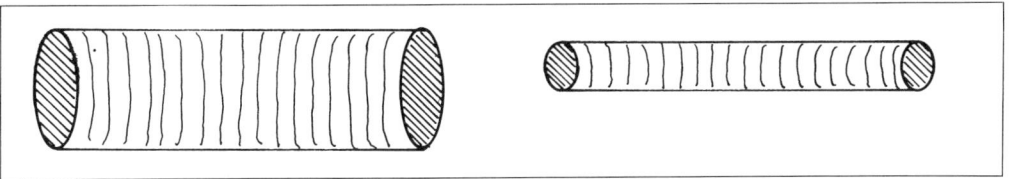

183 Querholzringe, Schnittzeichnung. Für Reifen aus Längsholz ist ein genügend großer Querschnitt notwendig. Für dünne Armreifen mit sehr kurzer Faser besteht Bruchgefahr.

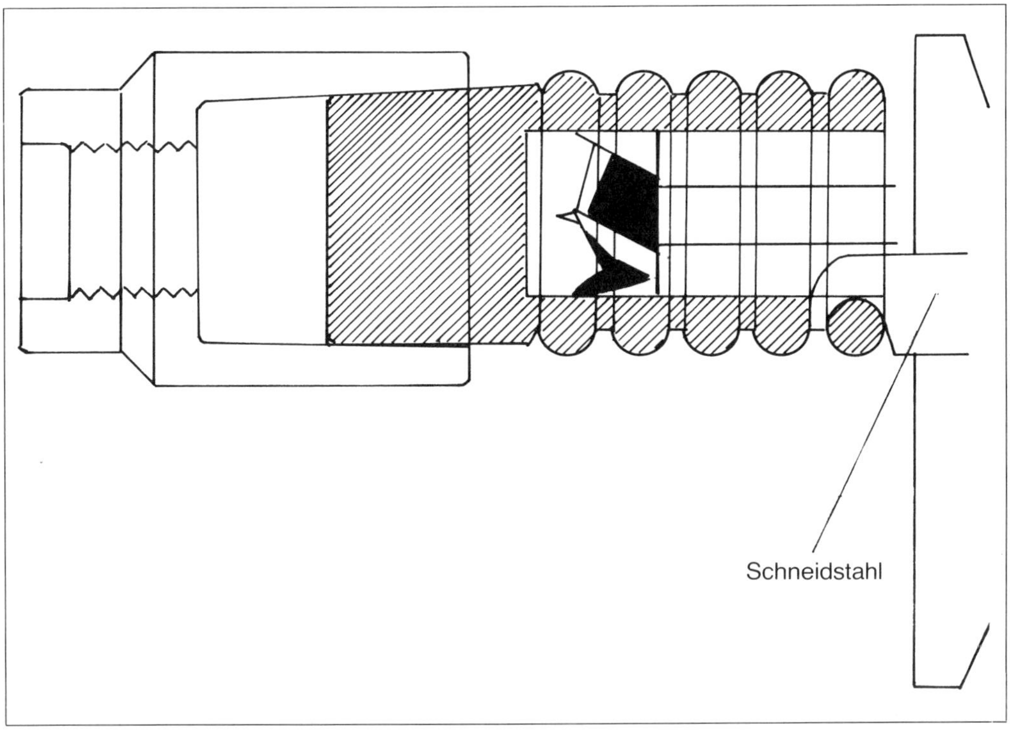

Schneidstahl

184 Serienweise Herstellung von Längsholz-Ringen. Die Ringe werden von einem im Spundfutter
sitzenden Holzrohr abgestochen. Das Abstechen vom Innern des Rohres her erfolgt mit einem
selbst hergerichteten, hakenförmigen Stahl. Ring um Ring wird fertig geformt und abgestochen.

futter sitzt. So ist es möglich, den auf dem Zapfen sitzenden Ring-Rohling bereits auf drei Außenseiten zu formen und fein zu bearbeiten.

Für die Bearbeitung der Innenform ist der außen fertig geschliffene Ring in ein entsprechendes Holzfutter zu stecken. Auch die beiden Schmalkan-

115

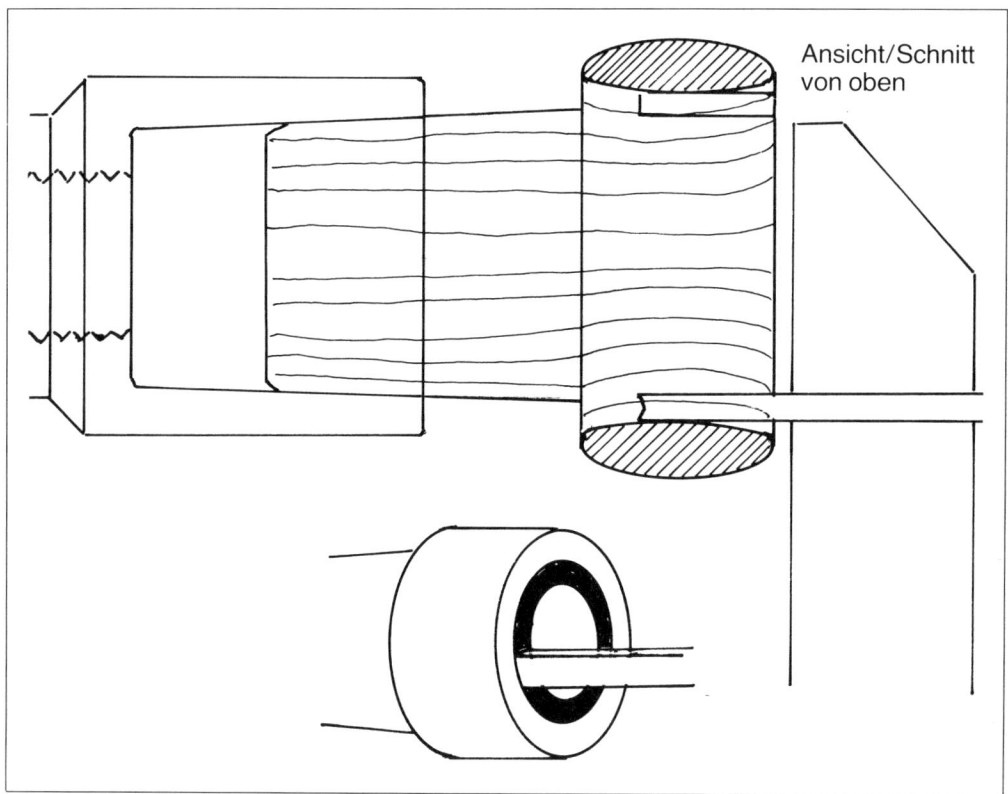

Ansicht/Schnitt
von oben

185 Formen eines Armreifes auf Spund. Nach Durchstich mit dem Abstechstahl fällt der Armreif
aus Längsholz weg. Achtung! Niedrige Tourenzahl, mit der linken Hand den Reif auffangen. Für das
Feindrehen auf der Innenseite wird der Reif wiederum in ein Holzfutter gesteckt (siehe Bild 180).

ten des Reifens können in diesem Futter nochmals überarbeitet und verfeinert werden.

Für Reifen, die weniger beansprucht werden, Armreifen zum Beispiel, die wegen ihres Querschnittes kaum auseinanderbrechen, kann auch Längsholz verwendet werden. Leider werden auch dünne Armreifen immer wieder aus Längsholz produziert, ihre Herstellung erfordert bedeutend weniger Zeit, sie sind billig, brechen aber beim nächsten harten Anschlagen auseinander. Diese Reifen werden in der Regel von einem vorbereiteten, im Spundfutter sitzenden Holzrohr gestochen. Um dem einzelnen Reifen auch auf der Innenseite Form zu geben, ist es notwendig, einen der Innenrundung des Reifens entsprechenden Schneidstahl herzurichten. Mit diesem Haken ist es möglich, die einzelnen Ringe je ein Stück weit von innen, von außen aber mit dem schmalen Abstechstahl vom Rohr wegzuschneiden.

Weil wir mit den beiden Einstichen von innen und von außen wohl nie ganz zusammentreffen, sind solche »Überzähne« beim Fertigdrehen im Futter noch auszugleichen und die Innenformen zu verfeinern.

Breite Armreifen aus Längsholz werden zwischen Mitnehmer und Spitze vorgedreht und zur weiteren Bearbeitung ins Spundfutter gesteckt. Die Höhlung kann entweder ausgebohrt oder ausgedreht werden.

Aus Längsholz gedrehte Armreifen sind einigermaßen widerstandsfähig, wenn sie mindestens 20 mm breit und ohne Risse sind. Damit der Reif am Arm nicht schwer wirkt, sollte er nicht über 8 mm dick sein.

185a   Dose aus Oliven-Esche, aus Partien der Esche, die dem Olivenholz ähnlich sind. Gut geeignet um Schmuckgegenstände aufzubewahren.

Die Gestaltung eines Kerzenhalters

186 *Einfache Formen, an denen das Holz zu voller Wirkung gelangt.*

Kerzenhalter und Kerzenständer aus Metall, Kerzenhalter aus Glas, Kerzenständer aus Keramik oder Porzellan, aus Stein und aus Holz sind Gebrauchsgegenstände, die aus den verschiedensten Materialien bestehen und geschmiedet, getrieben, gedreht, gedrechselt, gegossen oder geblasen werden. Mit Kerzenhaltern für den Tisch, auf Regalen und Abstellflächen, mit diesen Dingen aus Holz möchten wir uns vor allem hier auseinandersetzen.

Mein Anliegen bei der Gestaltung eines Kerzenhalters aus Holz ist vielleicht ein besonderes, nicht für jeden Bedarf gedacht und vielleicht auch nicht für jedermanns Geschmack. Es

geht mir um ein schönes Verhältnis, um eine Einheit von Kerzenhalter und eingesteckter Kerze. Die gezeigten Halter sind niedrig, bescheiden in der Formgebung, ohne die vielen Möglichkeiten, die auf der Drechselbank beim Drechseln eines Kerzenhalters gegeben wären. Die schönen, alten Kerzenleuchter aus der Romantik, aus der Zeit des Barock, aus der Renaissance und die vielen guten Beispiele in unserer Zeit, ich finde diese Dinge für den Drechsler fast unwiderstehlich. Ich wollte aber für dies Mal keinen hohen Kerzenleuchter drechseln, sondern einen kleinen, fast tellerförmigen Gegenstand, der nicht umfällt, der aus einfachsten Formen

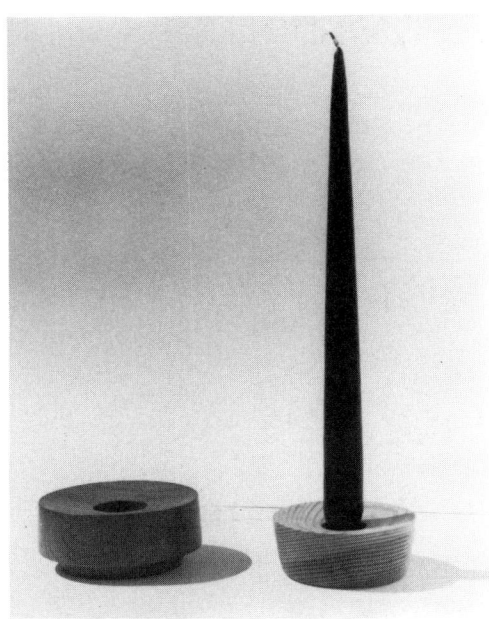

187 *Kerzenhalter aus Eichen- und Föhren-holz.*

188 *Kerzenhalter aus Kirschbaumholz.*

besteht und bei dem unser schönes einheimisches Holz zu voller Wirkung gelangt.

Ein schönes Holzstück mit einem Loch für die Kerze. Nun soll dieses Holzstück eine Form erhalten, die zur eingesteckten Kerze eine Beziehung hat. Ein würfelförmiger Kerzenstock wird nicht das gleiche Empfinden auslösen. Über den Geschmack läßt sich streiten, doch glaube ich, daß es trotzdem entscheidende Feinheiten gibt. Es geht hier auch nicht um eine gute oder schlechte Form, sondern nur um eine kleine Nuance, die zu entdecken ist und die mich zufrieden stimmt.

Der würfelförmige Kerzenhalter ist in Form und Verhältnis richtig, aber die einfache, gedrechselte Form mit der eingesteckten Kerze berührt mein Empfinden anders. Nicht alle Entdeckungen sind sichtbar, aber es gibt beim Drechseln Dinge, die dem Schaffenden Freude bereiten und eine tiefe Befriedigung auslösen.

Nun aber zur Herstellung der gedrechselten Kerzenhalter:

Für niedrige Formen verwenden wir Querholz, das heißt, die Umrisse unserer Kerzenteller sind mit dem Zirkel auf ein dickes Brett aus Eiche, Esche, Föhre oder einem anderen einheimischen Holz aufzuzeichnen. Mit der Band- oder Stichsäge werden die Scheiben ausgeschnitten und auf dem Schraubenfutter befestigt. Damit

119

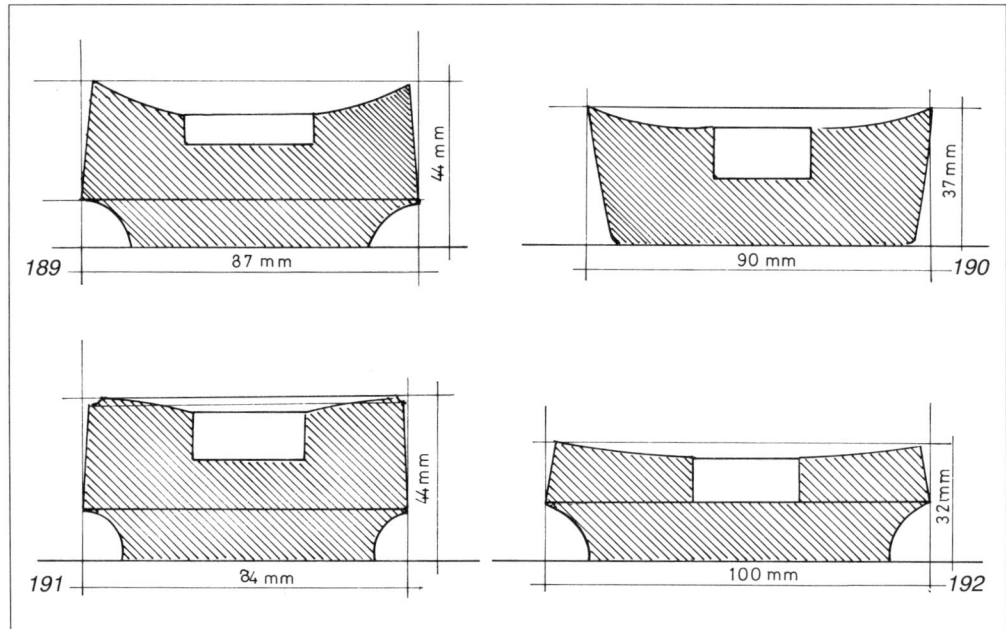

189 Kerzenständer aus Kiefernholz mit stark nach innen gewölbtem Tropfenfänger.

190 Einfachste Form eines Kerzenhalters, bei dem die Schönheit des Kiefernholzes sehr schön zur Geltung kommt.

191 Kerzenhalter mit Sockelkehlen und leicht nach außen gewölbtem Tropfenfänger.

192 Kerzenhalter aus Kirschbaumholz in einfachster Form.

auf der Bodenseite des fertig gedrechselten Kerzenhalters keine Putzarbeiten vorgenommen werden müssen, wird die Fläche bereits vor dem Aussägen der Rohlinge gehobelt und geschliffen.

Steckt eine zu lange und zu dicke Schraube im Schraubenfutter, ist das Einlegen einer Zwischenscheibe zu empfehlen.

Bringt man trotzdem nicht das passende Schraubenfutter zuwege, kann eine Holzschraube ohne Kopf in die Backen des Dreibackenfutters gespannt werden. Damit beim Dreibackenfutter die unfallgefährlichen Backen nicht vorstehen, ist eine genügend große Zwischenscheibe an die Backen zu legen, bevor der Rohling aufgeschraubt wird.

Der Durchmesser des Bohrers, der das Kerzenloch vorbereitet, richtet sich nach der Kerze, die wir hier einstecken möchten.

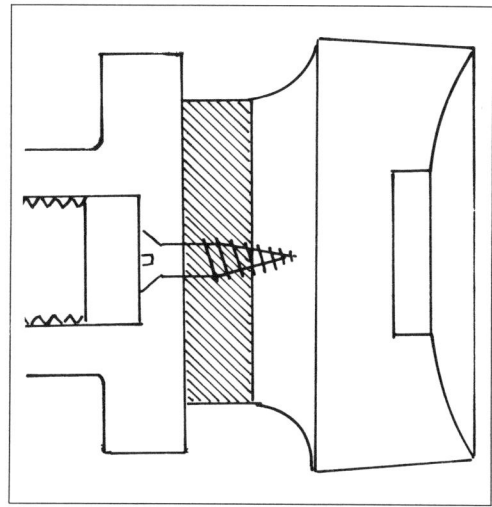

193 Drechseln des Kerzenhalters auf dem Schraubenfutter mit Zwischenscheiben. Der Kerzenhalter kann in einem Arbeitsgang, das heißt ohne Umspannen, fertiggedrechselt werden. Das Ausbohren für die Kerze geschieht mit Hilfe des Spitzenstockes.

Die Sache wird allerdings etwas umständlich und kompliziert, weil es eine Unmenge verschiedenster Kerzen gibt; zylindrische, konische und solche von verschiedensten Durchmessern und Längen.

Es gibt ein einfaches Hilfsmittel, einen sogenannten Haftkitt, den auch Blumenbinder für ihre Arrangements verwenden. Ein Bröcklein dieses Kittes, den wir auf dem Boden des Kerzenloches anbringen, genügt für unseren Zweck. Die Kerze, die wir nun andrükken, hält sofort fest, auch wenn das Kerzenloch viel weiter ist als die Kerze unten an Durchmesser aufweist.

Der Wachs, der bei vielen Kerzen herunterläuft, fängt sich im größeren Kerzenloch auf, die Holzfläche bleibt sauber.

Trotz der Vorteile dieses Kittes darf eine brennende Kerze in ihrem Holzsockel aber nie unbeobachtet bleiben. Kerzenhalter aus anderem Material sind in dieser Hinsicht weniger brandgefährlich. Eine Ringeinlage aus Metall oder gar eine Abdeckung der Oberfläche würde allerdings den Charakter dieses schönen Holzgegenstandes beeinträchtigen.

Verschiedene Geräte und Werkzeuge

Neben vielen flachen Meißeln und Profileisen aus Stahl, die sich der Drechsler für seine Vorhaben auf der Drechselbank immer wieder selber herstellt, ist er auch in der Lage, andere Werkzeuge oder Bestandteile dazu selber anzufertigen.

Dinge, die er selber braucht, sind vor allem Griffe oder Hefte für seine Meißel und Röhren. Während er die schnittigen Werkzeugstähle aus einem vertrauten Spezialgeschäft bezieht, will er sich dazu »seine« Werkzeuggriffe drechseln. Sie sollen richtig in seiner Hand liegen und ihre Länge möchte er bestimmen.

Auch die vielen hölzernen Drehbankfutter, Holzspundfutter, Klemmfutter und Zapfen gehören zu den Einrichtungen, die er sich bedarfsweise selbst zurichtet und auf seine Arbeiten abstimmt.

194 Bildhauerklüpfel aus Eschenholz, zwei verschiedene »Gewichtsklassen«.

Bildhauerklüpfel

Sollte der Drechsler ein Bildhauereisen in die eine Hand nehmen, hält er in der anderen den gedrechselten Klüpfel aus Weißbuche, Esche oder Robinie. Je nach Vorhaben wird er den schweren oder den leichteren Klüpfel wählen. Dieser Klüpfel ist aus einem gut geeigneten Viertelscheit zu drechseln. Die scharfen Eckkanten sind mit dem Beil wegzuspalten beziehungsweise auf der Hobelmaschine oder Kreissäge für das Einspannen zwischen Vierzack und Spitze vorzubereiten.

Der Drechsler wird den in Arbeit befindlichen Klüpfel immer wieder ausspannen, um zu sehen, ob der Griff nun gut geformt ist und ob er beim Schlagen richtig in der Hand liegt.

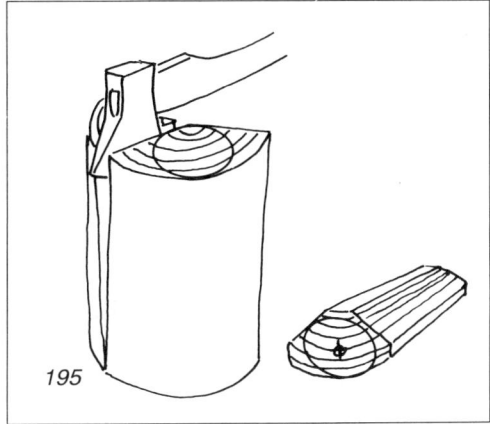

195 Zurüsten des Eschenholzes mit dem Beil. Halbierte Baumstämme (Halblinge) werden mit dem Beil in zwei Viertelscheite aufgespalten. Die scharfen Eckkanten werden ebenfalls mit dem Beil weggespalten.

196 Mitte: Gedrechselte Bildhauerklüpfel. Schnittzeichnungen, zwei verschiedene »Gewichtsklassen«. Oben: Schwerer Klüpfel für Bildhauerarbeiten mit dem breiten Schroppeisen. Unten: Leichter Klüpfel für feine Schnitzarbeiten.

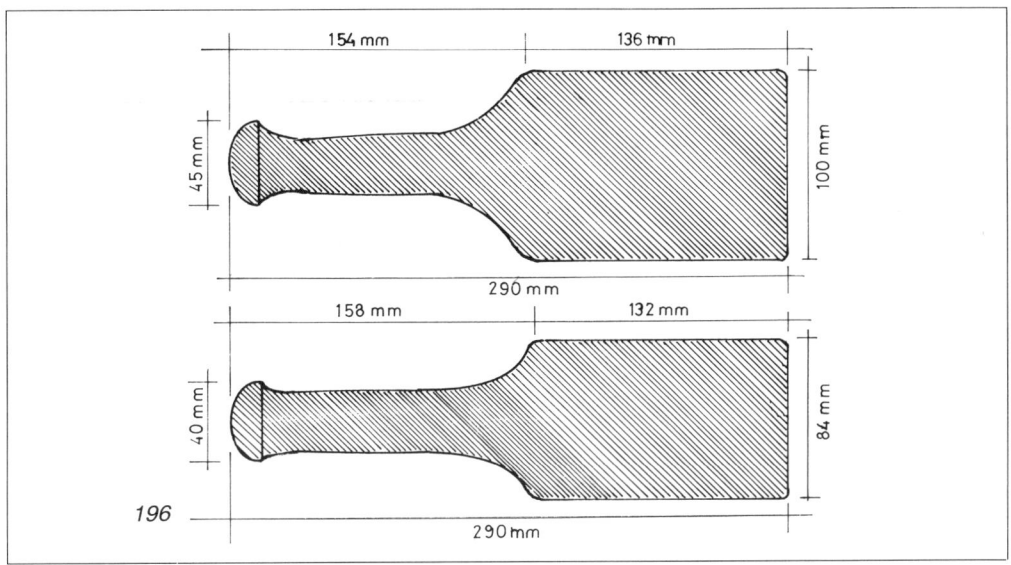

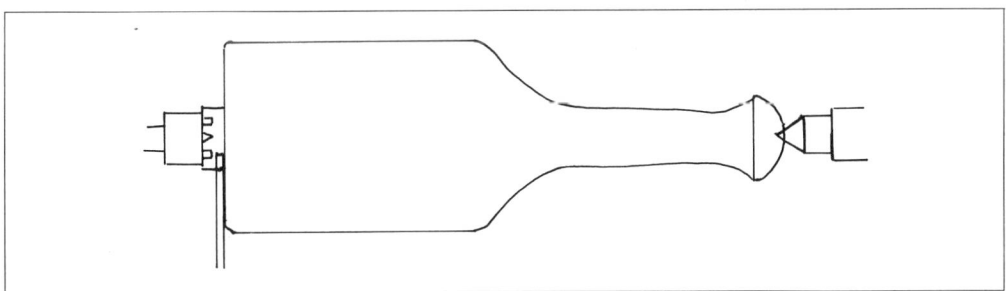

197 Drechseln des Bildhauerklüpfels zwischen Mitnehmer und Spitze. Abstechen auf der Mitnehmerseite.

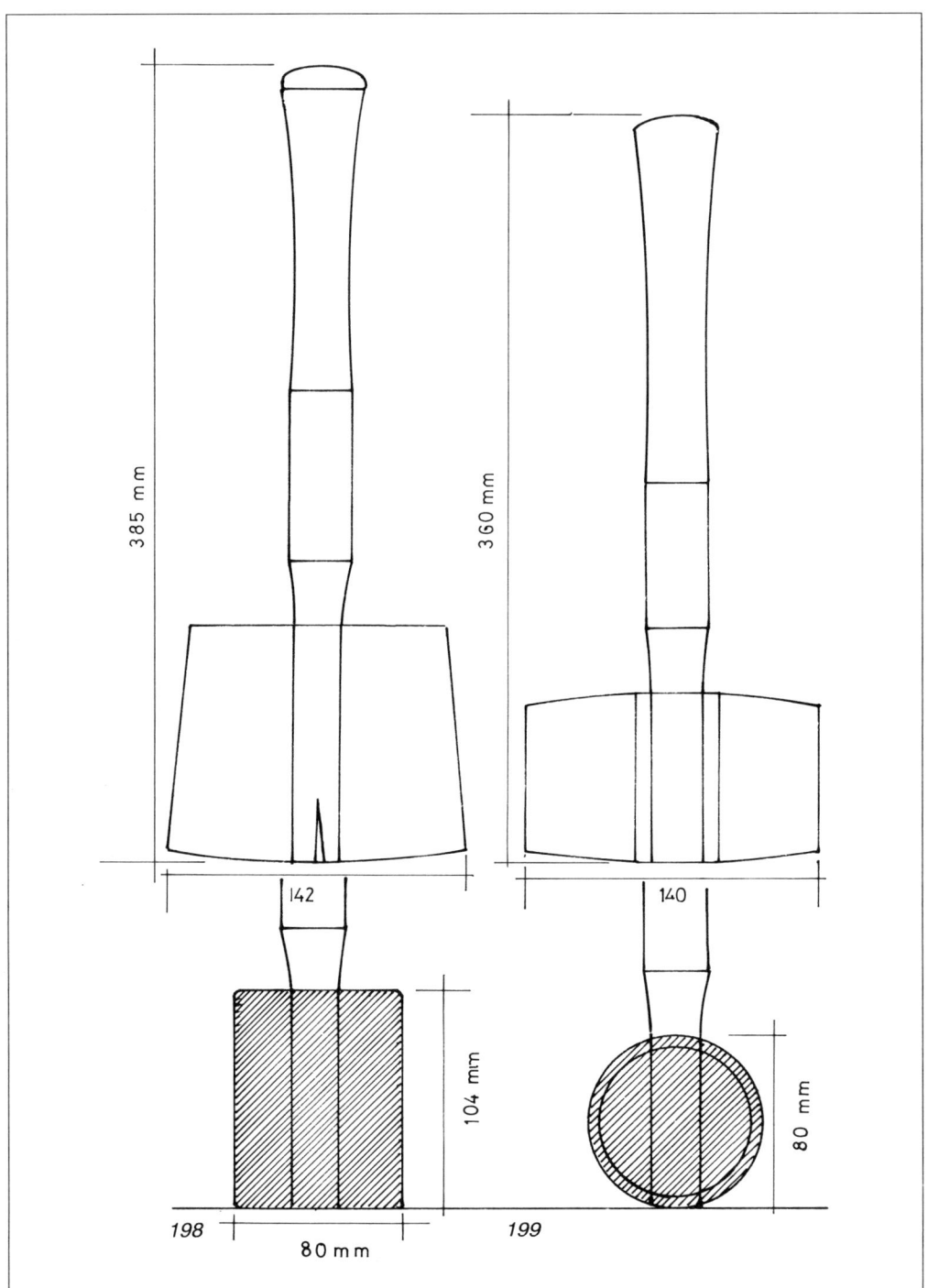

385 mm

360 mm

142

140

104 mm

80 mm

198

199

80 mm

124

Holzhammer

Auf ähnliche Weise, jedoch aus zwei Teilen, entsteht ein gewöhnlicher Holzhammer.

Den eigentlichen Hammer formen wir wieder aus zähem Hartholz zwischen Mitnehmer und Spitze. Die etwa 15 cm hohe Fäßchenform durchbohren wir senkrecht zur Drehachse und treiben hier den gedrechselten Stiel ein, den wir auf der Gegenseite verkeilen.

Auch den alten, vertrauten Schreinerklüpfel mit konischem Hartholzklotz und gedrechseltem Griff stellen wir selber her. Wenn wir dazu Weißbuche besorgen können, haben wir sicher das geeignete Material gefunden, weil es schwer und sehr zäh ist.

Holzschaufeln

Aus einem starken Hartholzstück möchten wir kleine Holzschaufeln herstellen. Wir drechseln wiederum aus einem Viertelscheit eine Form, die dem Bildhauerklüpfel ähnlich ist.

Der Griff wird in das Dreibackenfutter gespannt und von der Reitstockseite her mit einem großen Bohrwerkzeug ein Loch gebohrt. Der Grund des Bohrloches, der je nach Schaufelgröße tiefer oder weniger tief liegt, wird mit einem kräftigen Profileisen ausgerundet.

Das Verblüffende an dieser Sache ist, daß aus dieser hohl gedrehten Form gleich zwei Schaufeln entstehen, indem ein Sägeschnitt genau durch die Drehachse zu führen ist.

200   Holzschaufeln, zwei verschiedene Größen aus Iroko-Holz.

198   Tischlerklüpfel mit konisch geformtem eckigem Schlagklotz. Der Stiel wird gedrechselt, in den durchbohrten Klotz geleimt und quer zur Holzlaufrichtung des Schlagklotzes verkeilt.

199   Holzhammer mit gedrechseltem Schlagklotz in Faßform aus Eschenholz. Beim Durchbohren des gedrechselten Schlagklotzes ist darauf zu achten, daß der Bohrer genau radial gerichtet wird.

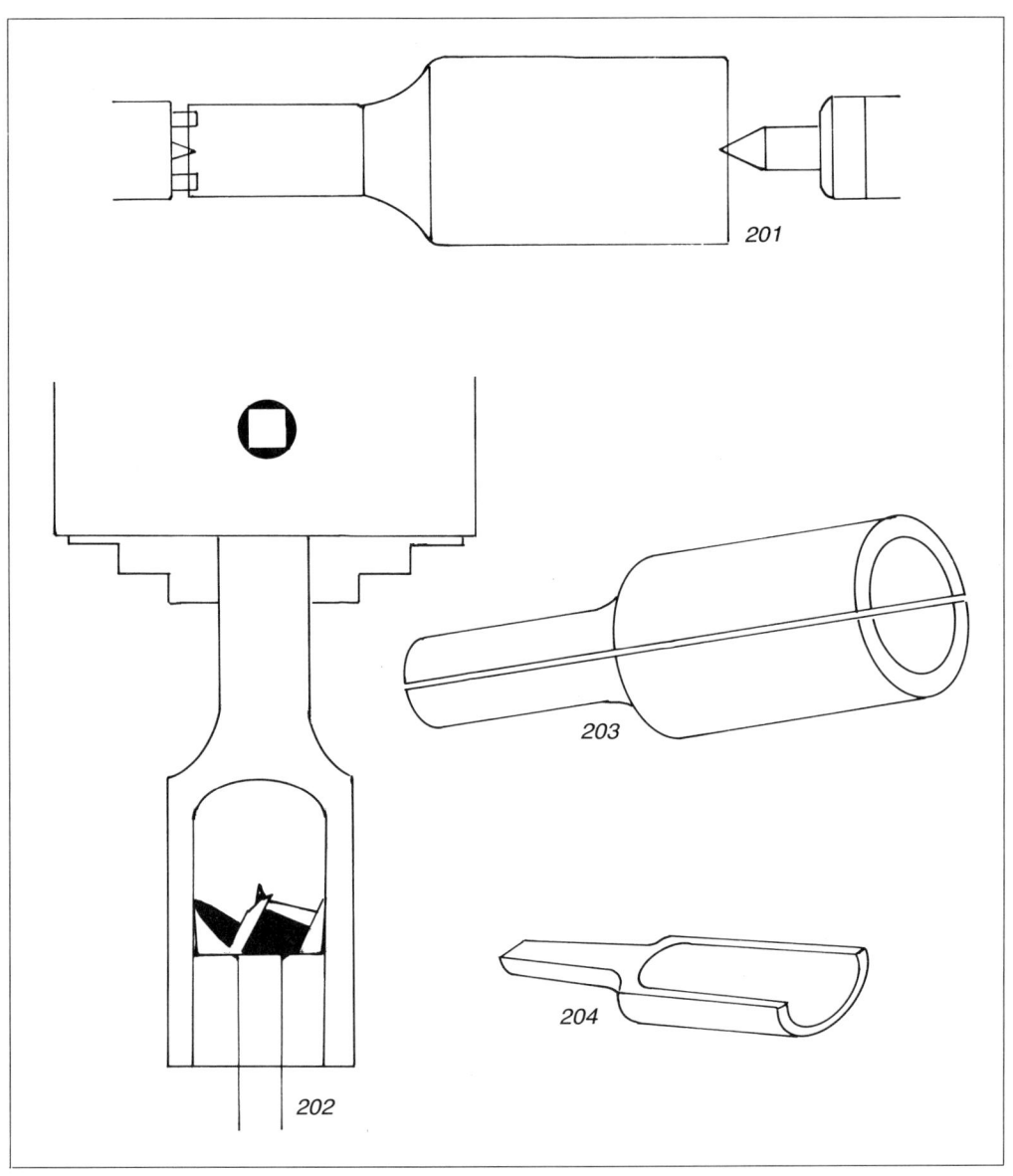

201   Formen des Holzschaufelpaares zwischen Mitnehmer und Spitze.

202   Ausbohren des Holzschaufelpaares mit dem Zobo-Bohrer. Der Grund des Bohrloches wird mit dem Ausdrehstahl sauber ausgerundet. Ausdrehstahl Bild 94.

203   Sägeschnitt durch die Drehachse der hohlgedrehten Form ergibt gleich zwei Schaufeln.

204   Mit einigem Einsatz lassen sich aus diesen noch etwas derben Schaufelformen sehr schöne Geräte herstellen. Sie dienen in Küche und Vorratsraum als Schöpfgeräte und Maße.

126

Damit der Handgriff nicht zu kantig ausfällt, wird mit Feile und Schleifpapier solange nachgeholfen, bis er angenehm in die Hand paßt. Auch vorn bei der Kante wird schon beim Aus- und Nachdrehen der Bohrung die Wandung von der Innenseite immer dünner gedreht, so daß das Aufschöpfen mit der Schaufel keine Schwierigkeiten macht.

Ein Nudelholz

Ein sehr schönes, gedrechseltes Gerät stellt das Wallholz dar. Für ein Wallholz (Nudelholz) braucht man, wenn es nicht zu dürftig ausfallen soll, ein schönes Stück Ahorn- oder Eschenholz.

Da Bohlen mit der notwendigen Dicke nur in seltenen Fällen aufzutreiben sind, wird auch in diesem Fall auf Viertelscheite oder aufgesägte Halblinge zurückgegriffen.

Nachdem das Stück mit dem Beil oder der Säge zum Einspannen zwischen Mitnehmer (Vierzack) und rotierender Spitze vorbereitet wurde, wird es zu einer Walze von mindestens 7 cm Durchmesser und 25 cm Länge gedreht. Die Außenfläche des Zylinders soll absolut exakt, also ohne Wellen oder Reduktionen des Durchmessers, gedrechselt werden.

Eine ebenso unangenehme wie bekannte Erscheinung bei Nudelhölzern im Gebrauch ist die, daß die seitlich vorstehenden Griffe brechen. Manchmal ist es auch die Verbindungsachse, die beim Wallen eines harten Teiges plötzlich auseinander bricht. Aus diesem Grund darf diese durch die Zylinderachse führende Achse nicht zu dünn sein.

Die Walze wird mit einem 20-mm-Loch versehen. Dieses Loch wird von beiden Seiten her mit einem Drechslerbohrer, das heißt mit dem altbekannten Bohrlöffel, genau durch die Drehachse durchgebohrt.

205   Ein gedrechseltes Wallholz aus Eschenholz.

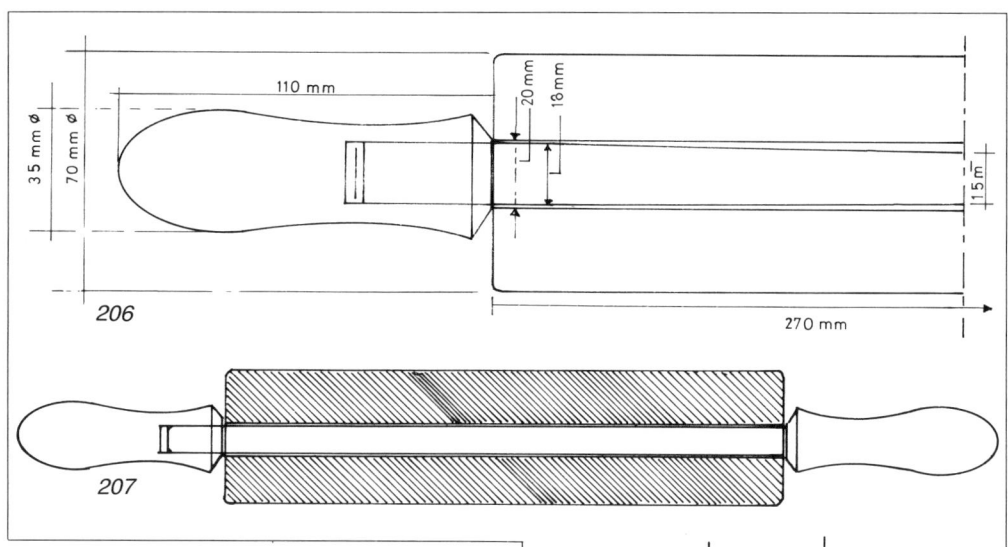

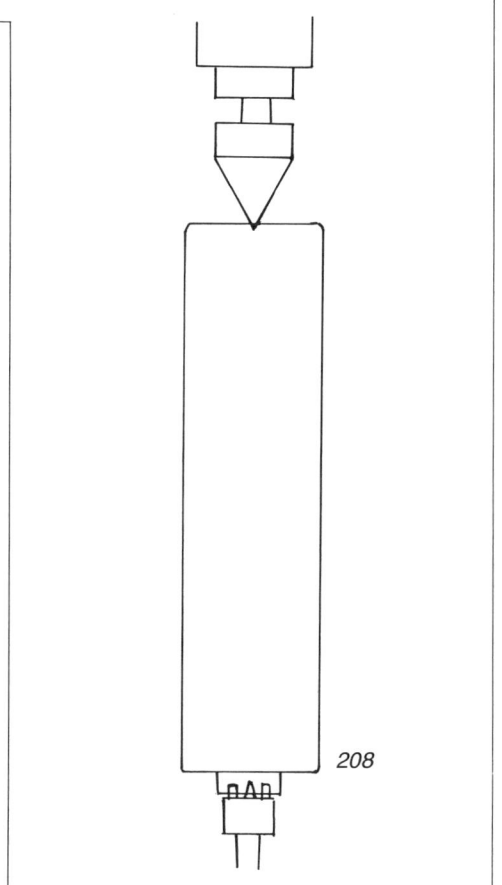

206 Detail zu Wallholz; die in der Walze dreh-
bare, durchgehende Achse braucht Spielraum.

207 Wallholz in halber Größe. Die Achse wird
auf einer Seite mit dem Griff verzapft und verleimt (Maßstab 1:2).

208 Das Formen der Walze zwischen Mitnehmer und Spitze. Beide Stirnkanten sind sauber
abzustechen; zuletzt soll auf der Mitnehmerseite abgestochen werden.

Damit die abgestochene Holzwalze
fliegend durchbohrt werden kann, benötigen wir ein kräftiges Holzfutter,
das wir auf der Planscheibe fest-
schrauben. Damit der Bohrlöffel aber
genau auf der Drehachse läuft, bohren wir mit einem Holzspiral- oder Zobo-Bohrer in der Reitstockpinole auf
der fliegend aufgespannten, genau
zentrierten Walze ein etwa 20 mm tie-
fes Loch ins Stirnholz vor.

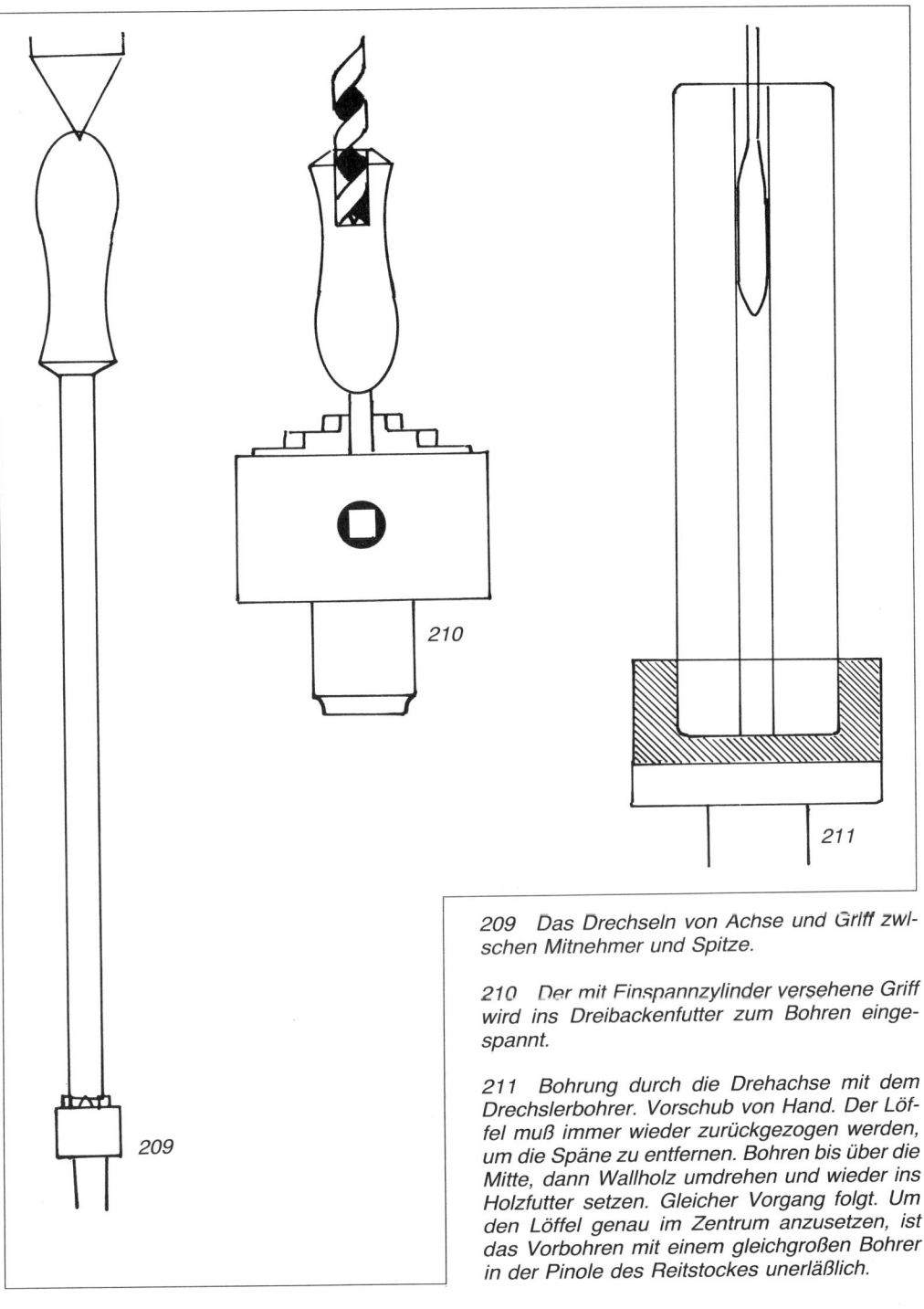

209 Das Drechseln von Achse und Griff zwischen Mitnehmer und Spitze.

210 Der mit Einspannzylinder versehene Griff wird ins Dreibackenfutter zum Bohren eingespannt.

211 Bohrung durch die Drehachse mit dem Drechslerbohrer. Vorschub von Hand. Der Löffel muß immer wieder zurückgezogen werden, um die Späne zu entfernen. Bohren bis über die Mitte, dann Wallholz umdrehen und wieder ins Holzfutter setzen. Gleicher Vorgang folgt. Um den Löffel genau im Zentrum anzusetzen, ist das Vorbohren mit einem gleichgroßen Bohrer in der Pinole des Reitstockes unerläßlich.

Nun wird bei langsamster Tourenzahl der Drechslerlöffel angesetzt, mit beiden Händen genau in der Richtung der Drehachse gehalten und kräftig eingeschoben. Die Bohrspäne sind immer wieder zu entleeren.

Nachdem dieses lange Bohrloch nach unseren Wünschen zustandegekommen ist, beschäftigen wir uns mit den beiden Griffen und der durch die Walze führenden Holzachse.

Vorerst drechseln wir einen Griff und die Achse an einem Stück zusammen. Es geht dabei um ein etwa 42 cm langes und etwa 36 mm dickes Holzstück, das wir dazu brauchen. Zwischen Mitnehmer und Spitze sind nun ein 11 cm langer Griff und im Anschluß eine Achse von 18 mm Durchmesser zu drehen. Damit sich aber diese Achse auch bei extremen Verhältnissen drehen läßt, wenn das Nudelholz zum Beispiel feucht wird und das Holz aufquillt, soll es in der Mitte nur etwa 15 mm dick sein.

Den zweiten auf die andere Seite der Achse gehörenden Griff formen wir, zusammen mit einem Einspannzapfen, wiederum zwischen Mitnehmer und Spitze. Aus einem etwa 15 cm langen und 36 mm starken Stück, aus gleichem Holz entsteht der Griff, den wir zum Bohren für die einzuführende Achse in das Dreibackenfutter spannen.

Nach dem Bohren wird der Einspannzapfen mit dem Abstechstahl sauber vom fertigen Griff weggeschnitten. Bei diesem Gebrauchsgegenstand, der noch nicht zusammengebaut, jedoch sauber gedreht und geschliffen vor

uns liegt, ist es wichtig, daß er gewässert und nochmals fein geschliffen wird. Das »Wässern« oder das mit warmem Wasser Befeuchten ist dazu da, daß die durch die Feinbearbeitung angepreßten und mit Messer und Schleifpapier fein auf die Oberfläche gelegten Fasern wieder aufstehen. Mit dem feinen Schleifpapier werden beim letzten »Schliff« die wieder aufgestandenen Fasern weggeschafft. Eine Holzfläche, die auf diese Weise bearbeitet wurde, wird bei der nächsten Befeuchtung nicht mehr so rauh.

Alle Gebrauchsgegenstände aus Holz, die später mit Wasser in Berührung geraten oder mit feuchten Händen anzufassen sind, müßten gewässert und nochmals feingeschliffen sein.

Die Prozedur des »Wässerns« ist zugegebenermaßen etwas umständlich, sie wird darum bei gedrechselten Gegenständen, die mit einem wasserfesten Lacküberzug ausgestattet werden, kaum mehr angewendet. Für Dinge, die roh bleiben, ist sie notwendig.

Das Nudelholz kann nach diesem letzten Feinschliff zusammengeleimt werden. Wer etwas wasserfesten Leim zur Verfügung hat, streicht die Ausbohrung des einen Griffes damit aus. Der zweite Griff mit der angedrehten Achse wird durch die Bohrung des Wallholzes mit diesem Teil fest verbunden.

Es ist dabei zu beachten, daß die Griffe so ineinander geschoben werden, daß sich die dazwischenliegende Walze ohne starke Reibung drehen läßt.

Spindeln

die sich zum Spinnen und Zwirnen
von Schafwolle eignen, bestehen aus
einem dünngedrechselten Spindel-
stab und dem Wirtel, einer Art
Schwungrad.
Das kleine Schwungrad oder der Wirtel soll allseitig abgedreht werden.
Die Formen und Größen der Spindeln
zum Spinnen von Schafwolle und anderen Tierhaaren oder für die Bearbeitung von Fasern aus Flachs und
Hanf sind sehr unterschiedlich.
Mit einer Spindel von etwa 330 mm
Länge und 10 mm Durchmesser, dem
dazugehörigen Wirtel von 60 bis
70 mm Durchmesser und 25 mm Dik-
ke kann ein geeignetes Gerät zum
Spinnen von Wolle gebaut werden.
Um den Wirtel auf allen Seiten fertigdrehen zu können, ist es notwendig,
die Holzscheibe auf ein Metallgewinde aufzuziehen. Dies kann beispielsweise beim Schraubenfutter oder bei
einem im Dreibackenfutter eingespannten Gewindestück erfolgen.
Jetzt kann fliegend sowohl auf der
Kante der Wirtelscheibe wie auf der
gegen den Reitstock gerichteten,
freien Scheibenfläche gedrechselt
und geschliffen werden.
Damit auch die gegen die Futterseite
gekehrte Fläche bearbeitet werden
kann, wird der Wirtel umgedreht.
Für das Drechseln des nach oben ver-
jüngten, feinen Spindelstabs habe ich
mich zwar eines für einen Drechsler
unwürdigen Werkzeugs bedient. Die
flache Surform-Feile, die ich als
Schruppwerkzeug für das Formen

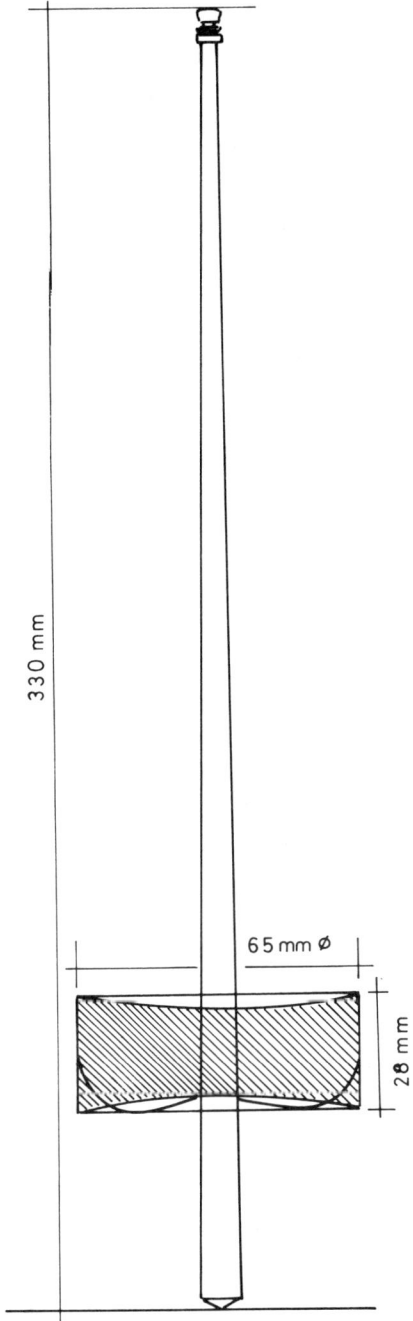

*212 Detailzeichnung zu einer Spindel mit Wir-
tel. Verschiedene gestalterische Möglichkeiten
bei Wirtel oder bei der Spindel.*

131

213 *Spindel aus Buche und Zwetschgenbaum. Armreifen aus Eibenholz.*

214 *Verschiedene Spindelformen aus Palisander, Olive, Seidenholz und Eibe.*

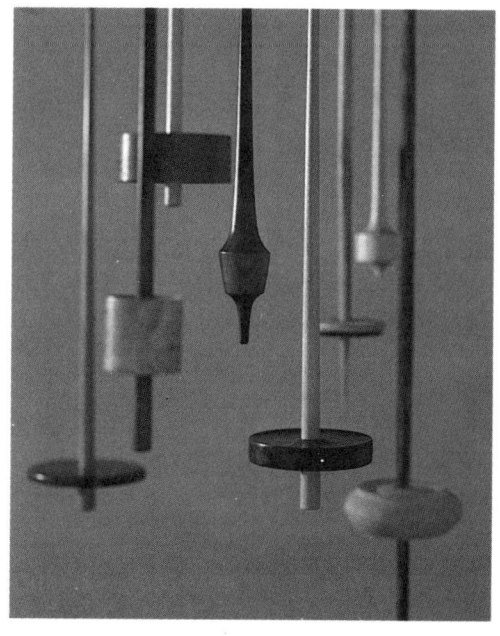

dieses feinen Stabes benutzte, hatte mir auch schon beim Drechseln von feinen Trommelstöcken ausgezeichnete Dienste geleistet. Nur auf diese Weise war es mir gelungen, so dünne Stäbe zu drehen, ohne sie im letzten Moment noch mit der Drehröhre oder mit einem Meißel aufzuspießen.

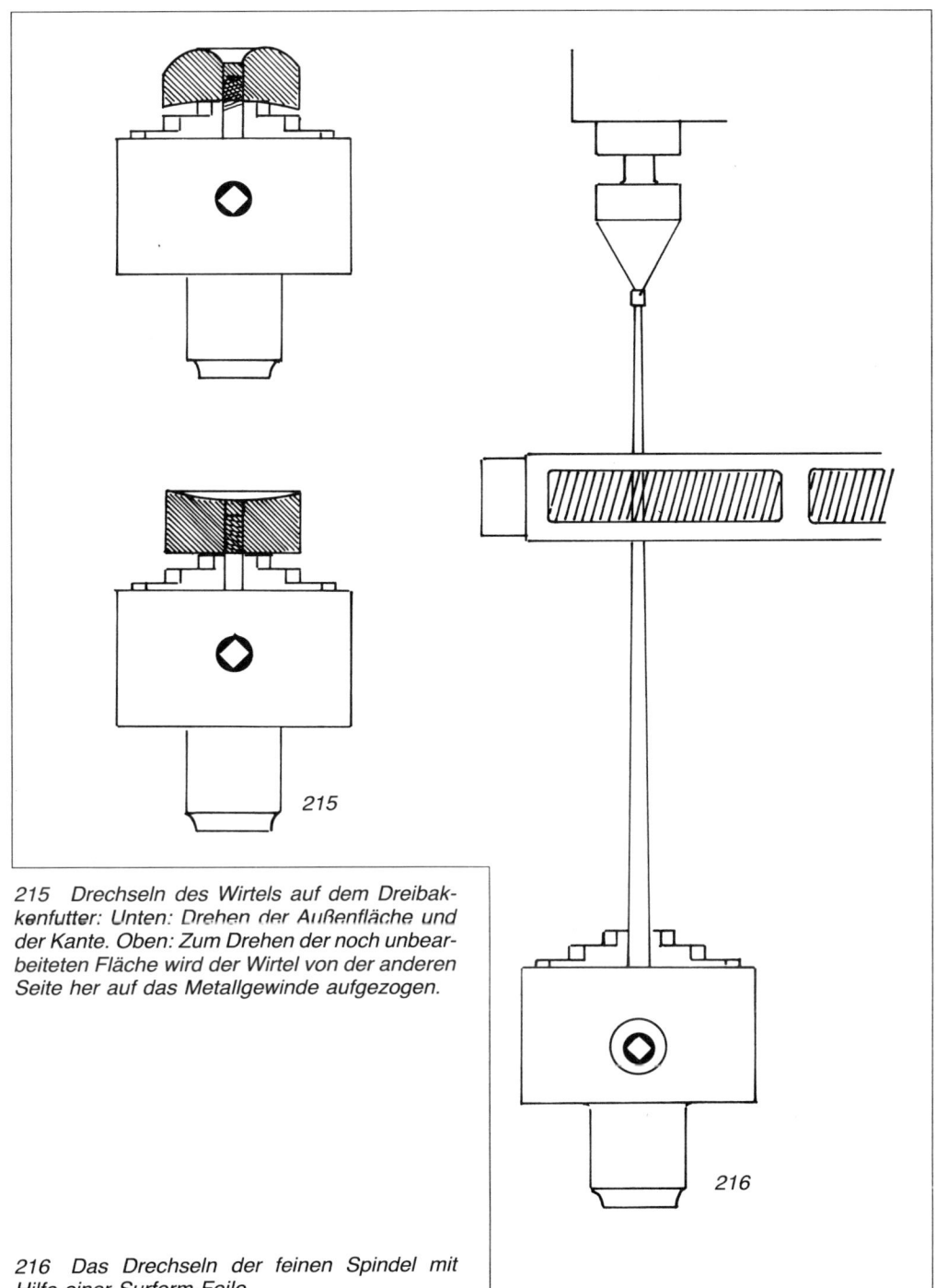

215 Drechseln des Wirtels auf dem Dreibakkenfutter: Unten: Drehen der Außenfläche und
der Kante. Oben: Zum Drehen der noch unbear-
beiteten Fläche wird der Wirtel von der anderen
Seite her auf das Metallgewinde aufgezogen.

216 Das Drechseln der feinen Spindel mit
Hilfe einer Surform-Feile.

Ziertechniken

Um auf gedrechselten Arbeiten geschnitzte Zierbänder oder Flächendekorationen anzubringen, muß man sich erst ein wenig in diesen Techniken üben. Es geht darum zu wissen, was denn eigentlich möglich ist, welche Handschnittechniken es gibt, wie das Randrieren vor sich geht oder ob irgendeine Frästechnik in Frage kommt. Es gibt sehr viele Techniken und in jeder Technik eine reiche Anzahl von gestalterischen Möglichkeiten.

Wir möchten uns auf einige Ziermöglichkeiten beschränken, die wir mit Schnitzmessern ausführen können.

Es geht bei meinen Vorlagen um Grundübungen, die man beispielsweise für ein Zierband, fur eine Flächen-

dekoration oder für andere ornamentale Funktionen einsetzen kann. Es sind nicht eigentliche Drechslerarbeiten mit Ziervorbildern, sondern es werden einige Grundtechniken vorgezeigt, die mit dem Kerbschnittmesser, mit dem Flacheisen oder Hohleisen ausgeführt werden.

Kerbschnitt

Um mit dem Kerbschnittmesser umgehen zu können, ist es notwendig, einige Schnitte auf einem Übungsbrett zu versuchen. Auf diesem Übungsbrett ziehen wir parallel zur oberen Stirnkante eine Linie, parallel dazu eine weitere Linie im Abstand von

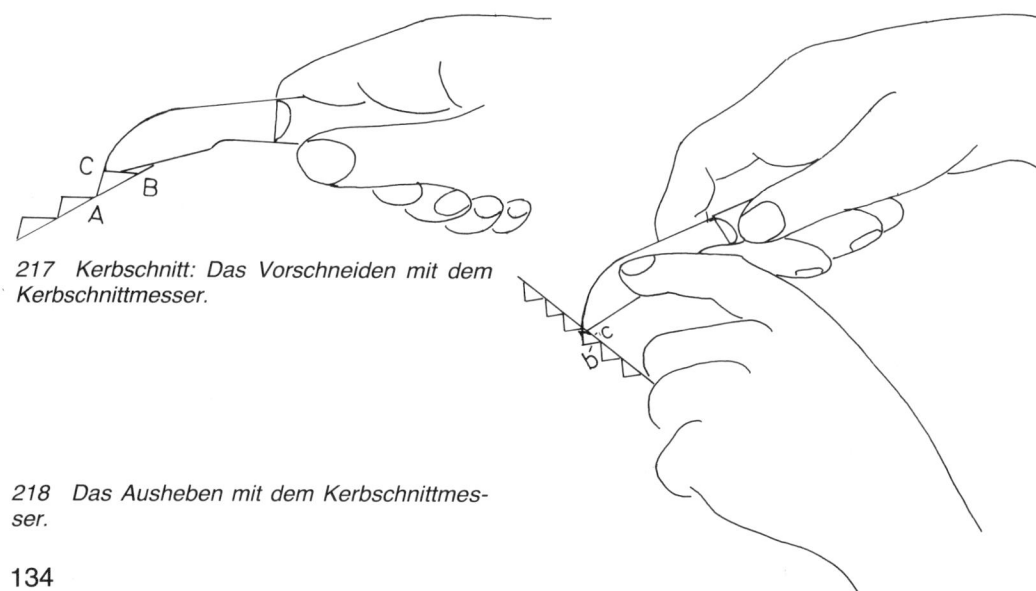

217 Kerbschnitt: Das Vorschneiden mit dem Kerbschnittmesser.

218 Das Ausheben mit dem Kerbschnittmesser.

134

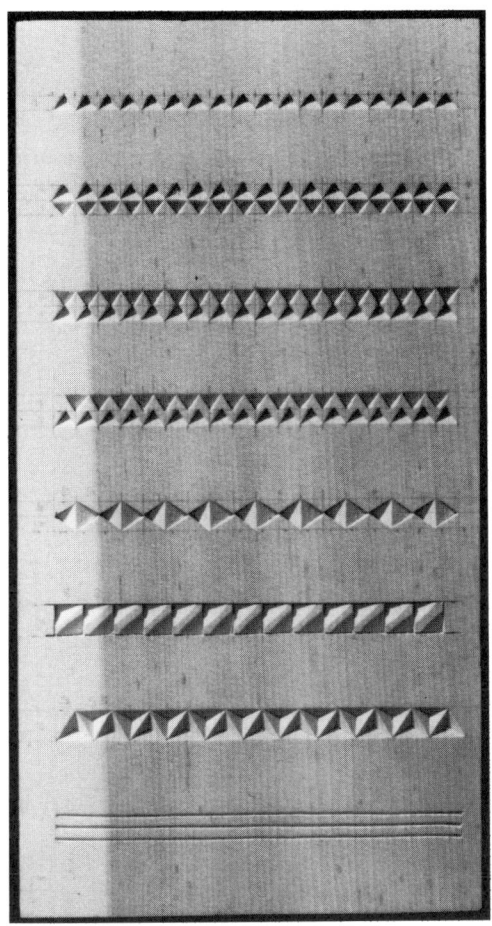

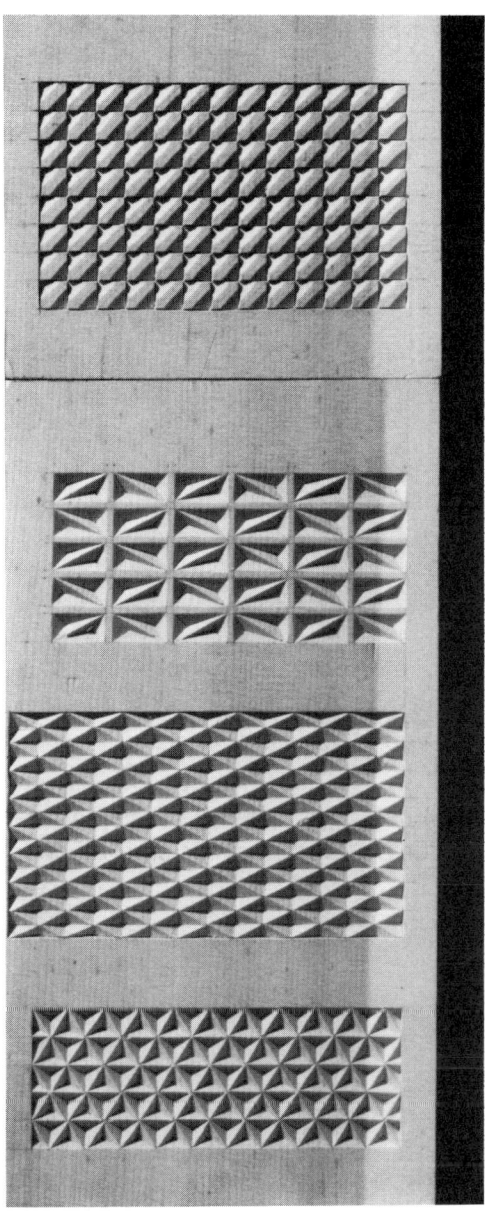

219 Kerbschnitt-Übungsbrett.

220 Verschiedene Flächenmuster.

4 mm. Das Bild zeigt, wie das Brettchen weiter eingeteilt werden könnte. Wir lernen eine Schnittart kennen und variieren nachher, was insgesamt vier verschiedene Streifenmuster ergibt.

Die Zickzacklinien sind in der 3-mm-Vertikal-Einteilung entsprechend genau aufzuzeichnen.

Sie werden erst mit dem gut geschliffenen Kerbschnittmesser vorgeschnit-ten, das man mit der rechten Hand führt.

Beim Vorschneiden wird die Messerspitze genau auf die vorgezeichnete

Dreieckspitze gesetzt. Die Spitze wird eingestochen, während sich die Schneide des Messers genau über die vorgezeichnete Linie senkt und bis zur Basislinie einschneidet. Das Ausheben der kleinen vorgeschnittenen Dreiecke geschieht nun folgendermaßen:

Die Messerspitze wird bei der rechten Ecke angesetzt. Die Schneide durchzieht die Grundlinie, während sich die Ecke des Messers etwas senkt und genau auf die Spitze des Dreiecks fährt. Der geschnittene, an der Spitze etwas dickere Dreieckspan fällt heraus. Dieser Schnitt sollte möglichst in einem Zug geschehen. Die Schnitzerei soll dabei exakt ausgeführt werden, man hat sich vor allem beim Vorschneiden und Ausheben genau an die vorgezeichneten Linien zu halten,

die Flächen der Klinge stehen dabei senkrecht.

Ein anderes Muster, das eine Variation dieses einfache Kerbschnittmusters darstellt, erhalten wir durch Aufzeichnen einer Netzfläche oder eines Streifens mit Quadraten. Durch das Einzeichnen von Diagonalen ergeben sich wieder die genauen Markierungen für das Ausheben mit dem Kerbschnittmesser.

Nach dem Vorzeichnen werden die Netzlinien, nicht die Diagonalen, etwa 1,5 bis 2 mm tief in Längs- und Querrichtung der Holzfläche vorgeschnitten. Es ist beim freien Durchziehen des Messers zu empfehlen, erst nur leichten Druck auf das Messer zu geben, beim dritten und vierten Durchziehen aber den Druck zu verstärken. Das Ausheben der Dreiecke geschieht

221   *Käsebrett mit Kerbschnittmotiven.*

wie bei den ersten Kerbschnitt-
übungen. Die herauszuhebenden
Dreiecke sind durch die Diagonalen,
Gratlinien und die gegenüberliegende
Spitze begrenzt, wobei sich die
Schnittflächen von der Diagonalen zur
Ecke senken.

Ein anderes Flächenmuster besteht
aus lauter gleichseitigen Dreiecken
mit einer Höhe von etwa 8 mm. Nachdem die vorgesehene Fläche mit waa-
gerechten Linien, Abstand 8 mm, und
mit dem 60°-Winkel in gleichseitige
Dreiecke eingeteilt ist, kann mit dem
Vorschneiden begonnen werden.

Um einem Linienwirrwarr zu entge-
hen, werden die Einschnitte nicht vor-
gezeichnet. Man setzt die Spitze des
Messers frei auf die Mitte, drückt ein,
und zwar so, daß der Schnitt auf die
Ecke läuft. Die Messerspitze dringt
auf etwa 2 mm Tiefe.

Die Einschnitte, Vorschnitte, die in
gleicher Richtung verlaufen, sollen
nacheinander vorgenommen werden.
In jedem dieser gleichseitigen Dreiecke sind nun drei kleine, zusammen-
laufende Flächen auszuheben.

Um möglichst glatte, saubere Schnittflächen zu erzielen, sollte man nur
»von der Faser weg« schneiden. Die
Regel bedingt allerdings, daß die
Hand so geübt werden muß, daß sie
das Messer in den verschiedensten
Richtungen stets sicher führen kann.

Das Rautenmuster und das Muster
mit den ungleichseitigen Dreiecken ist
auf die gleiche Art wie das soeben be-
sprochene Sternmuster zu schneiden.
Ganz allgemein sind auch hier folgende Regeln zu beachten:

1 Exaktes Vorzeichnen.

2 Ein scharfes Kerbschnittmesser.

222 Schiebedeckel mit Hohleisenschnitten.

3 Genaues, gleichmäßiges Vorschneiden.

4 Peinlich exaktes Ausheben der vorgeschnittenen Flächen.

Der Flacheisenschnitt

Eine sehr einfache Schnitztechnik, die sich zur Gestaltung von Flächen eignet, ist der Flacheisenschnitt. Er läßt sich mit dem gewöhnlichen Stechbeitel und mit einem Kerbschnittmesser ausführen.

Die Schnitte können nur geraten, wenn mit gut geschliffenen Werkzeugen gearbeitet wird. Je nach der Breite des Stechbeitels werden erst einmal parallele Bahnen in der Richtung des Holzlaufs aufgezeichnet. In der Querrichtung, das heißt genau im rechten Winkel dazu, werden die Abgrenzungen quer zur Holzfaser gezogen.

Die Linien in der Faserrichtung des Holzes werden zuerst vorgeschnitten. Dabei wird das Kerbschnittmesser oder das scharfe Taschenmesser leicht auf die Linie gesetzt und ohne starken Druck durchgezogen. Beim zweiten und dritten Durchziehen des Messers wird mehr Druck gegeben, bis eine Schnittstufe von etwa 3 Millimeter erreicht ist.

Für Vorschnitte quer zur Faser verwenden wir einen Stechbeitel mit schlankem, langem Schneidballen. Der spitze Winkel der Schneide erleichtert den Einschnitt in Weichholz, er preßt die weichen Holzfasern nicht zusammen.

Das Ausheben der schrägen Schnittflächen erfolgt ebenfalls mit dem Stechbeitel. Sorgfältig wird das Werkzeug in der vorgesehenen Schnittrich-

223   Gestaltete Straßenfronten (Spielzeugstadt) durch Flacheisenschnitte.

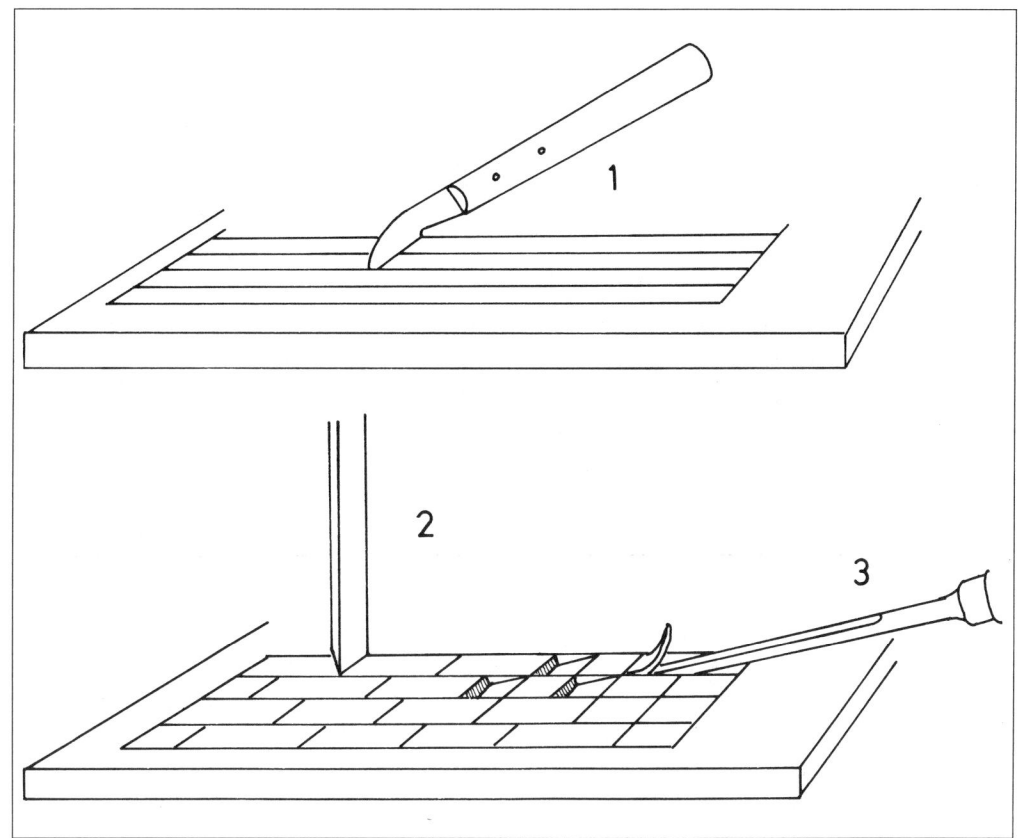

224 1 Vorschneiden, 2 Stempeln, 3 Ausheben.

tung aufgesetzt und langsam gegen den quer zur Holzfaser gesetzten Vorschnitt gestoßen.

Der kleine Holzkeil, der bei jedem Schnitt herausgehoben wird, läßt sich bei schlecht schnitzbaren Hölzern nur schichtenweise herausschneiden. Hier erweist es sich auch sofort als ungünstig, wenn die Vorschnitte nicht schnurgerade und parallel gezogen werden und die Breite des Stechbeitels nicht eingehalten wurde.

Nun kann man bei dieser Technik beliebig mit Maßen und Aufteilungen variieren.

Die Einschnitte können beispielsweise auch in unterschiedlichen Schräglagen vorgenommen werden, so daß sich zweierlei Rechtecklängen ergeben. Es besteht auch die Möglichkeit, die Flächen nur in einer Schrägrichtung auszuheben. Auf diese Weise entsteht eine schuppenartige Gliederung.

225 *Schiebedeckel mit Hohleisenschnitten.*

Der Hohleisenschnitt

Mit dem Hohleisen, einem Schnitzwerkzeug mit gewölbtem, rinnenförmigem Profil und scharf geschliffener Schneide, sind neue, vielseitige Einschnitte möglich. Für Dekorationen feinerer Art, wie sie für kleinere Gegenstände zu empfehlen sind, wählt man ein Hohleisen, das nicht weniger als 8 und nicht mehr als 15 Millimeter Breite aufweist.

Bevor man sich jedoch an die Verzierung einer Fläche wagt, wird man es auf einigen Probebrettchen versuchen müssen.

Die Vorzeichnung besteht aus parallelen Linien in der Richtung des Holzlaufs. Die Zwischenräume entsprechen der Breite des Hohleisens, das uns zur Verfügung steht. Die Unterteilung in der Querrichtung des Holzes, von der Ansatzstelle des Messers bis zur tiefsten Stelle des Einschnittes gemessen, wird durch parallele Linien quer zur Holzfaser bezeichnet.

Die Länge der einzelnen Einschnitte auf unserem Schachfigurenkästchen messen 20 mm, bei breiteren Hohleisen und bei größeren Schnitzflächen sollen sie entsprechend länger werden. Selbstverständlich lassen sich die Einschnitte auch versetzen, stehen sie aber in einer Reihe, können durch Absetzungen, das heißt durch senkrechte Einstiche mit dem Messer, immer neue Formen entstehen.

Wesentlich sind beim Hohleisenschnitt eigentlich zwei Dinge: ein Schnitzmesser, das so scharf wie ein Rasiermesser ist, und eine sichere Hand, die das Werkzeug fest zu führen versteht und sich trotzdem nicht verkrampft.

Die Verzierung des Schiebedeckels für das Schachfigurenkästchen ist nur eines von vielen Anwendungsbeispielen für den Hohleisenschnitt.

Alle diese Schnittechniken lassen sich auch auf gedrechselten Gebrauchsgegenständen anwenden, dabei können Vorschnitte oder abgrenzende Rillen auf einfachste Art am eingespannten, fertig geformten Gegenstand mit dem Meißel geschnitten werden.

Die dekorative Gestaltung durch Schnitzereien soll nur sehr sparsam und gezielt angewendet werden. Ob eine Drechslerarbeit mit der Röhre oder mit dem Schnitzeisen verunziert wird, es kommt auf dasselbe heraus.

Ein geschnittenes Bändchen kommt in Frage, wenn es aus gestalterischen Gründen wertvoll erscheint. Aber wenn vor lauter Schnitzereien das Holz kaum mehr durchscheint, ist sie fehl am Platze.

In vielen Situationen ist zu untersuchen, ob ein schön und lebhaft gezeichnetes Holz überhaupt eine Dekoration verträgt. Vielleicht ist es eine schlicht geformte Dose aus Ahorn- oder Birnbaumholz, ihr würde ein fein geschnittenes Zierband auf dem Deckel wohl anstehen.

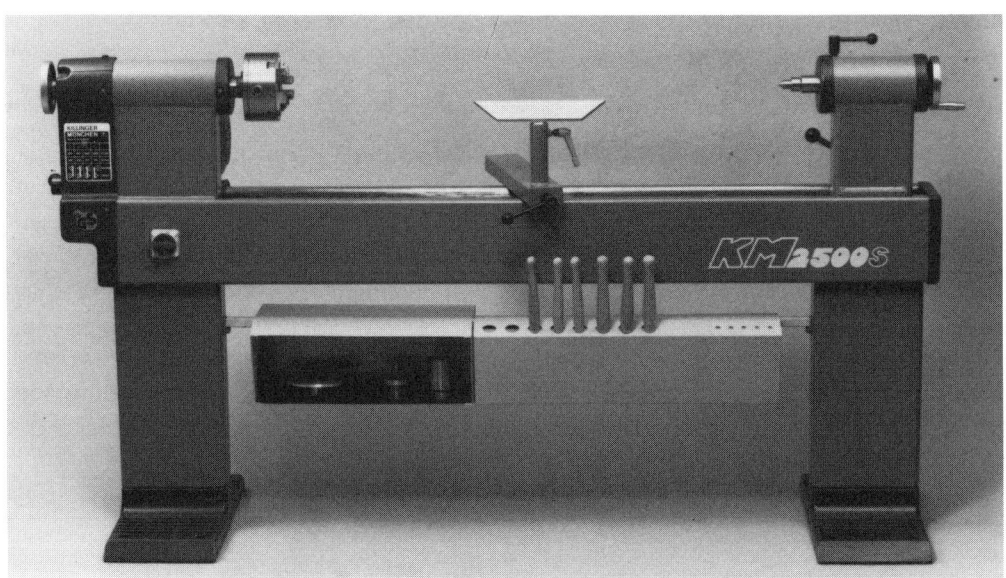

226 *Killinger-Drechselbank KM 1000.*

227 *Killinger-Drechselbank KM 2500-S.*

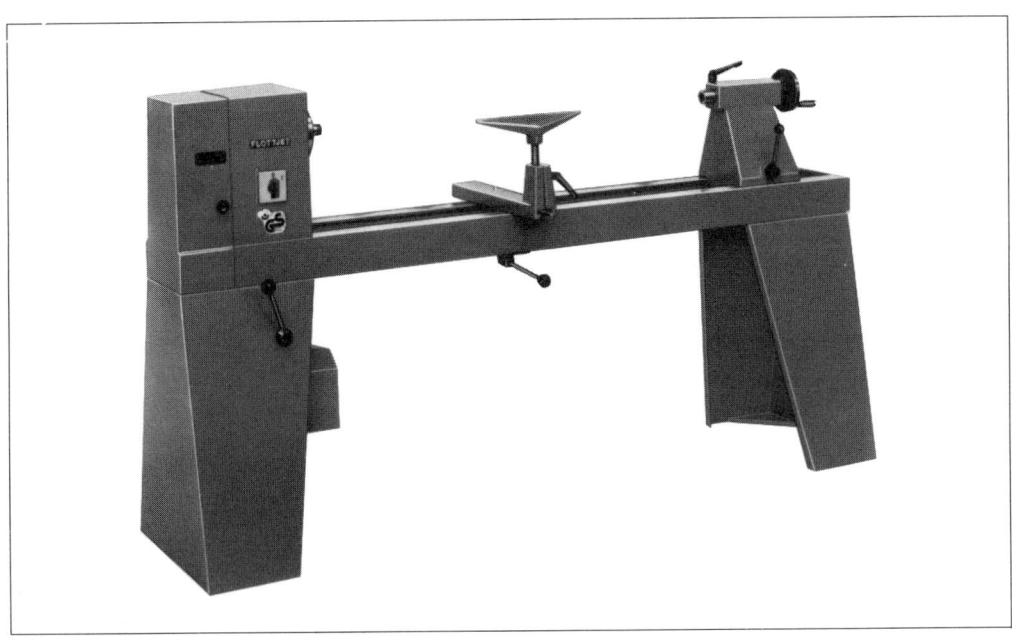

228   Drechselbank DB 180 »Flottjet«.

229   Drechselbank DB 240 »Flottjet«.

Nachwort

Nach der Fertigstellung dieses Buches erscheint dem Autor so vieles, das er auch noch zeigen und sagen wollte. Die Einführung in das Drechseln, die ich in dem Buch »Drechseln« beschrieb, soll in diesem Doppelband mit Anregungen für das »Arbeiten auf der Drechselbank« weitergeführt werden.

Werkstücke für einen Anfänger in der Drechslerei oder für einen Drechsler, der nach einfachen Gegenständen sucht. Ihre Herstellung erfordert keine komplizierten Vorrichtungen. Bei den Formen, die entstanden sind, handelt es sich um Holzgeräte, die eine Funktion zu erfüllen haben. Es bestand in keiner Weise die Absicht, »Kunst zu machen« oder frei zu experimentieren. Ich möchte den Anfänger zu einem Holzerlebnis führen, zu Formen, die aus diesen Hölzern möglich sind. Die Drechselbank ist ein wunderbares Instrument, um dem Holz ohne großen Kraftaufwand und in kurzer Zeit eine neue Form zu geben. Nicht eine raffinierte Technik auf der Drechselbank war es, die ich zeigen wollte, vielmehr wollte ich auf das hinweisen, was aus diesen einfachen handwerklich-technischen Vorgängen auf diesem Gerät entstehen kann:

Feinheiten in der Formgebung, das Empfindlich-werden auf kleine Nuancen beim Drechseln und Formen von Holz. Aus der Drechslerei soll nicht einfach ein lustvolles Form-fabulieren werden, sondern ein bewußtes Formen mit Holz. Diese Fähigkeit hat ihren Ursprung in einer außerordentlichen Empfindlichkeit für den Werkstoff und seine Eigenschaften. Die vielen, verschiedenen Hölzer bieten uns einen unerhörten Reichtum, es war mein Anliegen, daß sie der Leser kennen und lieben lernt. Ich freue mich, wenn Ihnen mein Buch mehr gibt als nur die Anleitung zur Herstellung von brauchbaren Tellern, Schalen und Dosen.

Ich wünsche Ihnen frohe Stunden an Ihrer Drechselbank.

Oberengstringen/Zürich,
im August 1982

Ihr Albert Wartenweiler

Bildnachweis

Titelbild: Werner Erne, CH-5000 Aarau

Egli, Fischer, CH-8022 Zürich, Abb.109 bis 111
Werner Erne, CH-5000 Aarau, Abb.216, 219 bis
    223, 225
Flott, Friedr. Aug. Arnz, 5630 Remscheid 13,
    Abb.228, 229
Killinger GmbH, 8000 München 21, Abb.25, 27, 31,
    156, 158, 159, 226, 227

Alle übrigen Aufnahmen und Zeichnungen stammen
vom Verfasser.

Stichwortregister

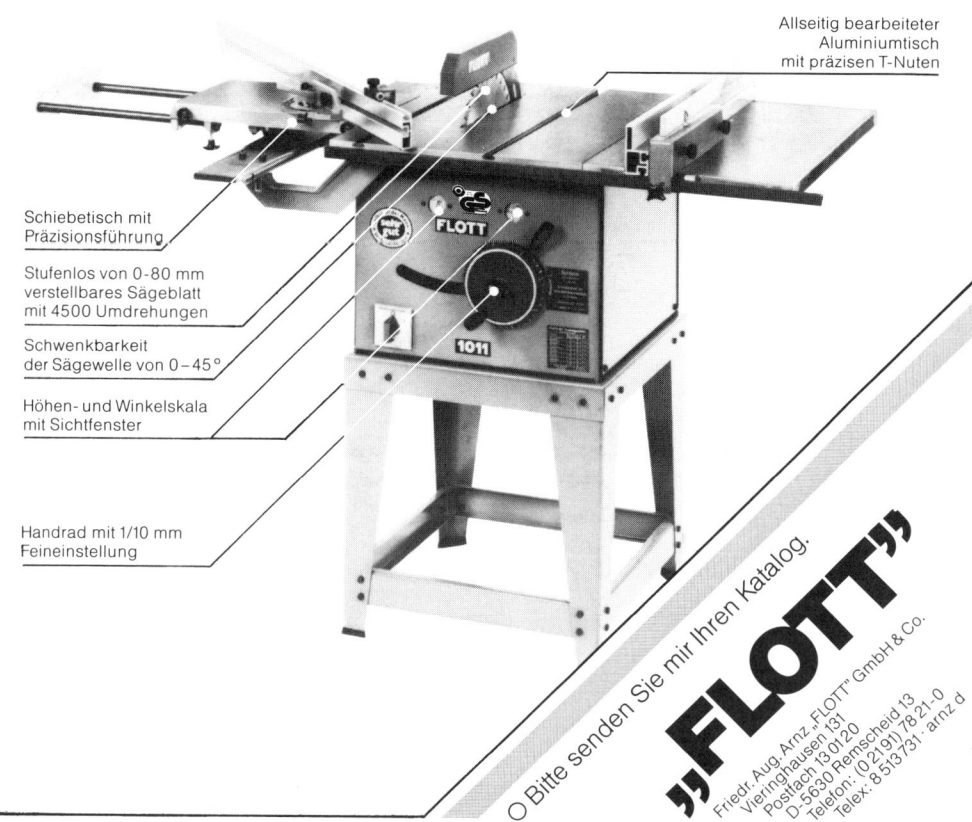

 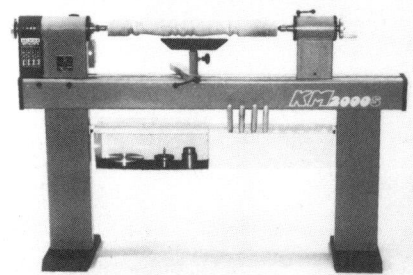